JN058279

高校入試 10日でできる　　　　　　　　　用

特長と使い方

◆１日４ページずつ取り組み，10日間で高校入試直前に弱点が克服でき，実戦
力が強化できます。

例題と解法 解法の穴埋めをして，基本の考え方を身につけましょう。

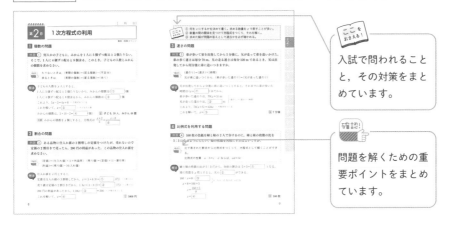

ここを
おさえる！

入試で問われること
と，その対策をまと
めています。

確認！

問題を解くための重
要ポイントをまとめ
ています。

入試実戦テスト 入試問題を解いて，実戦力を養いましょう。

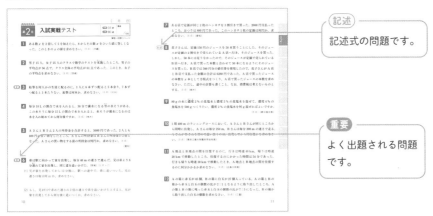

記述

記述式の問題です。

重要

よく出題される問題
です。

◆巻末には「総仕上げテスト」として，総合的な問題や，思考力が必要な問題を
取り上げたテストを設けています。10日間で身につけた力を試しましょう。

目次と学習記録表

◆学習日と入試実戦テストの得点を記録して，自分自身の弱点を見極めましょう。

◆1回だけでなく，復習のために2回取り組むことでより理解が深まります。

出題傾向

◆「数学」の出題割合と傾向

〈「数学」の出題割合〉

確率・データ の活用 約9%

方程式 約14%

関数 約15%

数と式 約24%

図形 約38%

〈「数学」の出題傾向〉

- 過去から出題内容の割合に大きな変化はない。
- 各分野からバランスよく出題されている。
- 各単元が混ざり合って，融合問題になるケースも少なくない。
- 答えを求める過程や考え方を要求される場合もある。

◆「方程式・確率・データの活用」の出題傾向

- 方程式は，計算問題だけでなく，文章題がよく出題される。速さや割合に関する問題は特に多いので，しっかり対策しよう。
- 確率の出題率は非常に高い。さいころを扱う問題が多いが，玉，硬貨，カード等，様々な題材の問題が出題されている。
- データを分析する問題や代表値・四分位数を扱う問題が増加している。基本的な問題が多いので，教科書の復習をしっかりしておこう。

合格への対策

◆入試問題に慣れよう

まずは，基本的な公式や定理などをきちんと覚えているか，教科書で確認しましょう。次に，それらを使いこなせるように練習問題をこなしていきましょう。

◆間違いの原因を探ろう

間違えてしまった問題は，それが計算ミスによるものなのか，それとも理解不足なのか，その原因を追究しましょう。そして，計算ミスの内容を書き出したり，理解不足な問題の類題を繰り返し解いたりしましょう。

◆条件を整理しよう

条件文の長い問題が増加しています。条件を整理して表や線分図にしたり，図にかきこんだりすると突破口になる場合があるので，普段から習慣づけておくとよいでしょう。

第1日 1次方程式

解答→別冊1ページ

1 1次方程式の解き方

 例題 1 次の方程式を解きなさい。

(1) $6x-5=7$ 　　　　　　(2) $4x-1=2x+5$

確認! 方程式を解く手順 　①文字の項を左辺に，数の項を右辺に移項する。
　　　　　　　　　　　②両辺を整理して，文字の係数でわる。

解法 (1) ①[　　　　] を移項すると，　(2) -1, ④[　　　　] を移項すると，

$6x=7+$ ②[　　　] ←符号を変える 　　$4x-2x=5+$ ⑤[　　　] ←符号を変える

$6x=12$ 　　　　　　　　　　　　　　$2x=6$

〔答〕 $x=$ ③[　　　　] 〉x の係数でわる 　〔答〕 $x=$ ⑥[　　　] 〉x の係数でわる

2 いろいろな1次方程式

 例題 2 次の方程式を解きなさい。

(1) $5x+3=3(x-4)-1$ 　　　(2) $\dfrac{2x-1}{3}=\dfrac{1}{2}x+1$

確認! かっこをふくむ方程式は，かっこをはずす。
係数に分数をふくむ方程式は，両辺に分母の最小公倍数をかけて，分母
をはらう。（係数に小数をふくむときは，両辺に 10, 100, ……をかけて，
係数を整数になおす。）

解法 (1) かっこをはずすと，　　　(2) 両辺に分母の最小公倍数の

$5x+3=3x-$ ①[　　　]-1 　　　　④[　　　] をかけると，

$5x+3=3x-13$ 　　　　　　$\dfrac{2x-1}{3}×6=\dfrac{1}{2}x×6+1×$ ⑤[　　　] 〉分母を
　　　　　　　　　　　　　　　　　　　　　　　　　　　　　　　　　はらう

$5x-3x=-13-$ ②[　　　] 　　$2(2x-1)=3x+$ ⑥[　　　] 〉かっこを
　　　　　　　　　　　　　　　　　　　　　　　　　　　　　　　　　はずす

$2x=-16$ 　　　　　　　　　$4x-2=3x+6$

〔答〕 $x=$ ③[　　　] 　　　　$4x-3x=6+$ ⑦[　　　]

　　　　　　　　　　　　　　　〔答〕 $x=$ ⑧[　　　]

① 左辺に文字の項，右辺に数の項を移項して，両辺を整理する。
② 分数係数の方程式では，分母の**最小公倍数**を両辺にかけて分母をはらう。
③ 方程式の中の定数を求めるには，解を方程式に代入する。

3 比例式

第1日 第2日 第3日 第4日 第5日 第6日 第7日 第8日 第9日 第10日 仕上げ・テスト

例題 ③ 次の比例式を解きなさい。

(1) $x : 12 = 5 : 4$ (2) $4 : 3 = (x-5) : 6$

 比例式の性質を使って，x の値を求める。

$a : b = c : d$ ならば，$ad = bc$

解法 (1) 比例式の性質から，

$x \times$ ① $= 12 \times$ ② ←$a : b = c : d$ ならば，$ad = bc$

$4x = 60$

答 $x =$ ③

(2) 比例式の性質から，

$4 \times$ ④ $= 3 \times$ ⑤ ）かっこをはずす

$24 = 3x -$ ⑥ ）移項する

$-3x = -15 - 24$

$-3x = -39$ 答 $x =$ ⑦

4 方程式の解と定数

例題 ④ x についての 1 次方程式 $5x + a = 2x + 1$ の解が $x = -1$ になるとき，a の値を求めなさい。

 方程式に解を代入して a についての方程式をつくり，それを解いて，a の値を求める。

解法 解が $x = -1$ だから，$5x + a = 2x + 1$ の x に ① を代入すると，

$5 \times (-1) + a = 2 \times ($ ② $) + 1$ ←a についての方程式をつくる

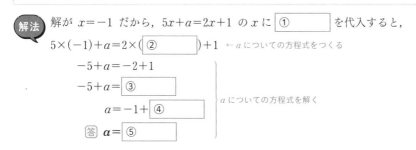

$-5 + a = -2 + 1$

$-5 + a =$ ③ ｜ a についての方程式を解く

$a = -1 +$ ④

答 $a =$ ⑤

第 **1** 日 　**入試実戦テスト**

解答→別冊 1 ページ

1 次の方程式を解きなさい。(2 点 × 6)

(1) $5x - 1 = 9$　　　　〔山梨〕　(2) $2x - 3 = x$　　　　　〔三重〕

(3) $3x + 2 = 5x - 6$　　〔埼玉〕　(4) $3x - 2 = x + 4$　　　〔熊本〕

(5) $x + 11 = -5x + 16$　〔栃木〕　(6) $5x - 9 = 3x + 5$　　〔奈良〕

2 次の方程式を解きなさい。(2 点 × 4)

(1) $2(x - 1) = -6$　　　〔長野〕　(2) $6x - (2x - 5) = 11$　〔青森〕

(3) $-4x + 2 = 9(x - 7)$　〔東京 '21〕　(4) $5x = 2(x + 3) + 6$　〔北海道〕

3 次の方程式を解きなさい。(3 点 × 4)

(1) $\dfrac{3x + 4}{2} = 4x$　　〔秋田〕　(2) $\dfrac{x + 4}{2} = -\dfrac{2x + 1}{3}$　〔群馬〕

(3) $0.2x = 0.05x - 1.5$　〔東京〕　(4) $0.8x - 4 = 1.5x + 0.2$　〔滋賀〕

重要 **4** 次の問いに答えなさい。(4 点 × 3)

(1) x についての方程式 $3x + a = 8$ の解が $x = 5$ となるとき，a の値を求めなさい。〔新潟〕

(2) x についての方程式 $x + 2a = 7x - 8$ の解が 4 であるとき，a の値を求めなさい。〔三重〕

(3) x についての方程式 $3x + 2a = 5 - ax$ の解が $x = 2$ であるとき，a の値を求めなさい。〔大分〕

5 次の方程式を解きなさい。(3点 × 4)

(1) $2x - 3(x-1) = -2$ 〔宮崎〕 (2) $5(x-3) = 2(x+3)$ 〔徳島〕

(3) $4x - 3 = 2(x+3) + 1$ 〔広島〕 (4) $8 - 3(2x-1) = 2 - 3x$ 〔富山〕

重要 **6** 次の方程式を解きなさい。(3点 × 8)

(1) $\dfrac{1}{2}x - 1 = \dfrac{x-2}{5}$ 〔島根〕 (2) $2x - \dfrac{x-1}{3} = 7$ 〔宮崎〕

(3) $\dfrac{4x-1}{3} + 2 = \dfrac{x}{2}$ 〔広島〕 (4) $\dfrac{2}{3}x - 1 = \dfrac{1}{6}x + 2$ 〔千葉〕

(5) $3x - \dfrac{5}{2}(x-1) = 4$ 〔茨城〕 (6) $3x - \dfrac{2}{3}(2x-1) = 4$ 〔秋田〕

(7) $2x - 11 = \dfrac{3x-1}{2} - x$ 〔青森〕 (8) $\dfrac{5-3x}{2} - \dfrac{x-1}{6} = 1$ 〔鳥取〕

7 次の比例式を解きなさい。(4点 × 2)

(1) $6 : x = 3 : 2$ 〔沖縄〕 (2) $(x-1) : x = 3 : 5$ 〔香川〕

8 次の問いに答えなさい。(4点 × 3)

(1) x についての1次方程式 $x + 5a - 2(a - 2x) = 4$ の解が $x = -\dfrac{2}{5}$ となる a の値を求めなさい。〔秋田〕

(2) x についての1次方程式 $\dfrac{x+a}{3} = 2a + 1$ の解が -7 であるとき,a の値を求めなさい。〔茨城〕

(3) x についての1次方程式 $x - \dfrac{2x-a}{3} = a + 2$ の解が $x = -2$ となるとき,a の値を求めなさい。〔新潟〕

第2日 1次方程式の利用

解答→別冊3ページ

1 個数の問題

例題① 何人かの子どもに，みかんを1人に5個ずつ配ると2個たりない。そこで，1人に4個ずつ配ると8個余る。このとき，子どもの人数とみかんの個数を求めなさい。

確認! たりないときは，（実際の個数）＝（配る個数）－（不足分）
余るときは，　（実際の個数）＝（配る個数）＋（余り）

解法 子どもの人数を x 人とすると，

1人に5個ずつ配ると2個たりないから，みかんの個数は（ ① 　　　　）個

1人に4個ずつ配ると8個余るから，みかんの個数は（ ② 　　　　）個

これより，$5x-2=4x+8$ ←方程式をつくる

これを解いて，$x=$ ③ 　　　　 ←子どもの人数

みかんの個数は，$5×10-2=$ ④ 　　　　（個）　答 **子ども10人，みかん48個**

別解 みかんの個数を x 個とすると，方程式は $\dfrac{x+2}{5}=\dfrac{x-8}{⑤}$

2 割合の問題

例題② ある品物に仕入れ値の3割増しの定価をつけたが，売れないので定価の2割引きで売ったら，200円の利益があった。この品物の仕入れ値を求めなさい。

確認! （定価）＝（仕入れ値）×（1＋利益率）　（売り値）＝（定価）×（1－割引率）
（利益）＝（売り値）－（仕入れ値）

解法 仕入れ値を x 円とすると，

定価は仕入れ値の3割増しだから，$x×(1+0.3)=$ ① 　　　　（円）←3割＝0.3

売り値は定価の2割引きだから，$1.3x×(1-0.2)=$ ② 　　　　（円）←2割＝0.2

200円の利益があったから，$1.04x-$ ③ 　　　　$=200$ ←方程式をつくる

これを解いて，$x=$ ④ 　　　　　　　　　　　　　答 **5000円**

① 何を x にするかを決めて書く。求める数量を x で表すことが多い。
② 数量の間の関係を見つけて**方程式**をつくり、それを解く。
③ 求めた解が問題の答えとして適当かを必ず確かめる。

3 速さの問題

例題 ③ 弟が歩いて家を出発してから **5 分後**に、兄が走って弟を追いかけた。弟の歩く速さは毎分 **70 m**、兄の走る速さは毎分 **120 m** であるとき、兄は出発してから何分後に弟に追いつきますか。

確認! （道のり）＝（速さ）×（時間）
兄が弟に追いつくから、（弟が歩いた道のり）＝（兄が走った道のり）

 兄が出発してから x 分後に弟に追いつくとすると、それまでに弟が歩いた時間は $(x+$ ① $)$ 分だから、

弟が歩いた道のりは、$70(x+5)$ m
兄が走った道のりは、 ② m
}（道のり）＝（速さ）×（時間）

これより、$70(x+5)=120x$ ←方程式をつくる
これを解いて、$x=$ ③

答 **7 分後**

4 比例式を利用する問題

例題 ④ **160 枚**の色紙を姉と妹の 2 人で分けるのに、姉と妹の枚数の比を **5：3** になるようにしたい。姉の枚数を何枚にすればよいですか。

確認! 比で表された割合から比例式をつくって、方程式として解くことができる。
比例式の性質 $a:b=c:d$ ならば、$ad=bc$

 姉と妹の枚数の比が 5：3 だから、全体の割合は $5+3=$ ① となる。
姉の枚数を x 枚とすると、次の ② ができる。

$160:x=8:$ ③
}$a:b=c:d$ ならば、$ad=bc$
$x×8=160×5$
$x=\dfrac{160×5}{8}$
$x=$ ④

答 **100 枚**

解答→別冊3ページ

1 ある数 x を2倍して5を加えたら，8からその数 x をひいた値に等しくなった。このときの x の値を求めなさい。(8点)〔沖縄〕

2 男子15人，女子25人のクラスで数学のテストを実施したところ，男子の平均点が56点で，クラス全体の平均点が61点であった。このとき，女子の平均点を求めなさい。(8点)〔茨城〕

重要 **3** 鉛筆を何人かの生徒に配るのに，1人に6本ずつ配ると5本余り，7本ずつ配ると3本たりない。鉛筆は何本か，求めなさい。(8点)〔大分〕

4 毎分10Lの割合で水を入れると，30分で満水になる空の水そうがある。この水そうに毎分15Lの割合で水を入れると，水そうが満水になるのは水を入れ始めてから何分後ですか。(8点)〔栃木〕

5 Aさんとbさん2人の所持金を合計すると，5000円であった。2人とも400円の買い物をしたところ，Aさんの所持金はBさんの所持金の2倍となった。Aさんの買い物をする前の所持金は何円か，求めなさい。(8点)

〔愛知〕

重要 **6** 弟は駅に向かって家を出発し，毎分40mの速さで進んだ。兄は弟より6分遅れて家を出発し，同じ道を追いかけた。〔宮城〕(6点×2)

(1) 兄が家を出発してから12分後に，駅への途中で，弟に追いついた。兄の速さは毎分何mか，求めなさい。

(2) もし，兄が(1)で求めた速さの2倍の速さで弟を追いかけたとすると，兄が家を出発してから何分後に追いつくか，求めなさい。

7 ある店で定価が同じ 2 枚のハンカチを 3 割引きで買った。2000 円支払ったところ，おつりは 880 円であった。このハンカチ 1 枚の定価は何円か，求めなさい。(8 点)〔愛知〕

(記述) **8** 花子さんは，定価 150 円のジュースを 50 本買うことにした。そのジュースが定価の 2 割引きで売られている A 店へ行き，そのジュースを買った。しかし，50 本には足りなかったので，そのジュースが定価で売られている B 店へ行き，A 店で買った本数と合わせて 50 本になるようにそのジュースを買った。B 店では 500 円分の値引券を使用したので，花子さんが A 店と B 店で支払った金額の合計は 6280 円であった。A 店で買ったジュースの本数を x 本として方程式をつくり，A 店で買ったジュースの本数を求めなさい。ただし，途中の計算も書くこと。なお，消費税は考えないものとする。(8 点)〔栃木〕

9 80 g の水に濃度 2 % の食塩水と濃度 5 % の食塩水を混ぜて，濃度 4 % の食塩水を 500 g つくりたい。濃度 2 % の食塩水を何 g 混ぜればよいですか。
(8 点)〔都立国立高〕

10 1 周 400 m のランニングコースにおいて，A さんと B さんが同じところから同時に出発し，A さんは毎分 250 m，B さんは毎分 200 m の速さで走る。A さんが B さんを初めて追い抜くのは，出発してから何分後かを求めなさい。(8 点)〔東京工業大附属科学技術高〕

11 A 地点と B 地点の間を往復するのに，行きは時速 40 km，帰りは時速 20 km で移動したところ，往復するのにかかった時間は 54 分であった。行きも帰りも時速 30 km で移動したとき，A 地点と B 地点の間を往復するのに何分かかるか求めなさい。(8 点)〔広島大附高〕

12 A の箱に赤玉が 45 個，B の箱に白玉が 27 個入っている。A の箱と B の箱から赤玉と白玉の個数の比が 2：1 となるように取り出したところ，A の箱と B の箱に残った赤玉と白玉の個数の比が 7：5 になった。B の箱から取り出した白玉の個数を求めなさい。(8 点)〔三重〕

第3日 連立方程式

解答→別冊4ページ

1 加減法と代入法

例題① 次の連立方程式を，(1)は加減法，(2)は代入法で解きなさい。

(1) $\begin{cases} 2x+3y=4 & \cdots\cdots\text{⑦} \\ 5x-2y=-9 & \cdots\cdots\text{①} \end{cases}$　(2) $\begin{cases} y=3x-5 & \cdots\cdots\text{⑦} \\ 2x+3y=-4 & \cdots\cdots\text{①} \end{cases}$

確認! 加減法…どちらかの文字の係数の絶対値をそろえて，2式をたすかひくかして，1つの文字を消去する解き方。

代入法…$x=\sim$ や $y=\sim$ の式を他方の式に代入して，1つの文字を消去する解き方。

解法

(1) ⑦×2　　　　　　　　$4x+6y=8$
　　①×3 $\underline{+)\ \boxed{①}\qquad\qquad -6y=-27}$
　　　　　　　　$\boxed{②}\qquad\quad =-19$
　　　　　　　　　　　$x=\boxed{③}$

$x=-1$ を⑦に代入すると，
$2\times(-1)+3y=4$
　　　　$3y=4+\boxed{④}$
　　　　$3y=6$
　　　　　$y=\boxed{⑤}$

〔答〕 $x=-1,\ y=2$

(2) ⑦を①に代入すると，
$2x+3(\boxed{⑥})=-4$
$2x+\boxed{⑦}-15=-4$
　　　$11x=-4+15$
　　　$11x=11$
　　　　$x=\boxed{⑧}$

$x=1$ を⑦に代入すると，
$y=3\times1-5$
$y=\boxed{⑨}$

〔答〕 $x=1,\ y=-2$

2 いろいろな連立方程式

例題② 次の連立方程式を解きなさい。

(1) $\begin{cases} x+3y=-9 & \cdots\cdots\text{⑦} \\ \dfrac{x}{3}-\dfrac{y}{2}=3 & \cdots\cdots\text{①} \end{cases}$　(2) $7x-5y=4x+y=27$

確認! 係数に分数や小数をふくむ連立方程式は，係数を整数になおす。

$A=B=C$ の形の連立方程式は，右のどれかの組み合わせをつくる。

$\begin{cases} A=B \\ A=C \end{cases}$ $\begin{cases} A=B \\ B=C \end{cases}$ $\begin{cases} A=C \\ B=C \end{cases}$

① ふつうは**加減法**で解くほうが計算しやすいが，$x=\sim$，$y=\sim$ の式が
あれば，**代入法**で解いたほうが計算が簡単になる。
② 係数が分数や小数のときは，係数を**整数**になおしてから解く。

解法 (1) ⑦の両辺に分母の最小公倍数
$\boxed{①\qquad}$ をかけて分母をはらうと，

$2x-3y=\boxed{②\qquad}$ ……⑦′

⑦ $\qquad x+3y=-9$
⑦′ +) $2x-3y=18$
$\qquad 3x\qquad =\boxed{③\qquad}$
$\qquad\qquad x=\boxed{④\qquad}$

$x=3$ を⑦に代入すると，
$3+3y=-9$
$3y=-9-\boxed{⑤\qquad}$
$y=\boxed{⑥\qquad}$ 答 $x=3$，$y=-4$

(2) 連立方程式を変形すると，

$\begin{cases} 7x-5y=27 & \cdots\cdots⑦ \\ 4x+y=\boxed{⑦\qquad} & \cdots\cdots⑦ \end{cases}$

⑦ $\qquad\qquad 7x-5y=27$
⑦×5 +) $\boxed{⑧\qquad}+5y=135$
$\qquad\boxed{⑨\qquad}=162$
$\qquad\qquad x=\boxed{⑩\qquad}$

$x=6$ を⑦に代入すると，
$4\times6+y=27$
$y=27-24$
$y=\boxed{⑪\qquad}$ 答 $x=6$，$y=3$

3 連立方程式の解と定数

例題 ③ 連立方程式 $\begin{cases} ax-by=14 \\ ax+by=-2 \end{cases}$ の解が $x=1$，$y=-2$ であるとき，

a，b の値を求めなさい。

 連立方程式に解を代入して，a，b についての連立方程式をつくり，それ
を解いて，a，b の値を求める。

 連立方程式に $x=1$，$y=-2$ を代入すると，

$\begin{cases} a+\boxed{①\qquad}=14 & \cdots\cdots⑦ \\ a-\boxed{②\qquad}=-2 & \cdots\cdots⑦ \end{cases}$ } a，b についての連立方程式をつくる

⑦+⑦ より，$\boxed{③\qquad}=12$
$\qquad\qquad a=\boxed{④\qquad}$

$a=6$ を⑦に代入すると，
$6+2b=14$
$\qquad 2b=14-\boxed{⑤\qquad}$
$\qquad b=\boxed{⑥\qquad}$

} a，b についての連立方程式を解く

答 $a=6$，$b=4$

13

第**3**日 **入試実戦テスト**

1 次の連立方程式を解きなさい。(3 点 × 6)

(1) $\begin{cases} 7x-3y=6 \\ x+y=8 \end{cases}$ 〔東京 '20〕

(2) $\begin{cases} 2x-y=8 \\ 3x+4y=1 \end{cases}$ 〔三重〕

(3) $\begin{cases} 4x-3y=-2 \\ 3x-2y=1 \end{cases}$ 〔茨城〕

(4) $\begin{cases} 2x+3y=1 \\ 3x-2y=8 \end{cases}$ 〔都立八王子東高〕

(5) $\begin{cases} 3x-7y=23 \\ 5x+3y=9 \end{cases}$ 〔都立青山高〕

(6) $\begin{cases} 2x+7y=8 \\ 3x+5y=1 \end{cases}$ 〔広島〕

2 次の連立方程式を解きなさい。(3 点 × 4)

(1) $\begin{cases} y=-x+3 \\ y=3x-5 \end{cases}$ 〔青森〕

(2) $\begin{cases} 2x-3y=-5 \\ x=-5y+4 \end{cases}$ 〔秋田〕

(3) $\begin{cases} 5x-3y=9 \\ y=2x-5 \end{cases}$ 〔沖縄〕

(4) $\begin{cases} 2x+3y=20 \\ 4y=x+1 \end{cases}$ 〔宮崎〕

3 次の問いに答えなさい。(4 点 × 2)

(1) 連立方程式 $\begin{cases} ax+y=7 \\ x-y=9 \end{cases}$ の解が $x=4$, $y=b$ であるとき, a, b の値を求めなさい。〔愛知〕

(2) 連立方程式 $\begin{cases} ax+by=5 \\ 3x+ay=9 \end{cases}$ の解が $x=2$, $y=1$ のとき, a, b の値を求めなさい。〔香川〕

重要 **4** 次の連立方程式を解きなさい。(5点 × 8)

(1) $\begin{cases} 2(x+y)-(x-8)=7 \\ 2x-y=3 \end{cases}$ 〔千葉〕

(2) $\begin{cases} x+2y=-7 \\ \dfrac{x}{5}-\dfrac{y}{2}=4 \end{cases}$ 〔大阪〕

(3) $\begin{cases} x=8y+1 \\ y=\dfrac{x+5}{2} \end{cases}$ 〔愛知〕

(4) $\begin{cases} x-\dfrac{y}{2}=4 \\ \dfrac{x}{3}+y=-1 \end{cases}$ 〔愛知〕

(5) $\begin{cases} 2x-\dfrac{1-y}{3}=-4 \\ 5x+y=-8 \end{cases}$

(6) $\begin{cases} 4(x+1)+7y=9 \\ \dfrac{x}{5}+\dfrac{y}{6}=-\dfrac{3}{10} \end{cases}$ 〔都立立川高〕

(7) $\begin{cases} 2(x+2)=3(y+1) \\ \dfrac{x-5}{4}-\dfrac{2y-1}{6}=-1 \end{cases}$ 〔都立西高〕

(8) $\begin{cases} \dfrac{x+y}{3}-\dfrac{x-y}{2}=\dfrac{1}{3} \\ 4(x+y)+3(x-y)=22 \end{cases}$

〔大阪教育大附高(池田)〕

5 次の連立方程式を解きなさい。(5点 × 2)

(1) $4x+3y=3x+y=5$ 〔京都〕

(2) $x-y+1=3x+7=-2y$ 〔大阪〕

重要 **6** 次の問いに答えなさい。(6点 × 2)

(1) 連立方程式 $\begin{cases} ax+by=10 \\ bx-ay=5 \end{cases}$ の解が $x=2$, $y=1$ であるとき, a, b の値を求めなさい。〔神奈川―改〕

(2) x, y についての2つの連立方程式 $\begin{cases} -x+2y=-2 \\ ax+by=5 \end{cases}$ と $\begin{cases} 2x-3y=6 \\ ax-by=-1 \end{cases}$ が同じ解をもつとき, 定数 a, b の値を求めなさい。〔東京学芸大附高〕

第4日 連立方程式の利用 ①

解答→別冊7ページ

1 個数の問題

例題 ① 50円のガムと80円のグミを合わせて15個買ったら，代金が900円になった。ガムとグミをそれぞれ何個買いましたか。

 個数の関係と代金の関係について，それぞれ方程式をつくる。
（代金）＝（単価）×（個数）

解法 ガムを x 個，グミを y 個買ったとすると，

$$\begin{cases} x+y=\boxed{①} & \cdots\cdots⑦ \quad \text{←個数の関係を表す方程式} \\ 50x+80y=900 & \cdots\cdots④ \quad \text{←代金の関係を表す方程式} \end{cases}$$

⑦×5−④÷10 より，

$-3y=\boxed{②} \qquad y=\boxed{③}$

$y=5$ を⑦に代入すると，

$x+5=15 \quad x=\boxed{④}$

（加減法で解く）

[答] ガム…10個，グミ…5個

2 代金の問題

例題 ② ある植物園に入園するのに，大人2人と子ども5人では1000円，大人4人と子ども3人では1300円かかる。大人1人，子ども1人の入園料はそれぞれいくらですか。

 2通りの代金の関係がわかっている問題では，それぞれの代金の関係についての方程式をつくる。

解法 大人1人の入園料を x 円，子ども1人の入園料を y 円とすると，

$$\begin{cases} 2x+5y=1000 & \cdots\cdots⑦ \quad \text{←大人2人と子ども5人の入園料を表す方程式} \\ 4x+3y=\boxed{①} & \cdots\cdots④ \quad \text{←大人4人と子ども3人の入園料を表す方程式} \end{cases}$$

⑦×2−④ より，

$7y=\boxed{②} \qquad y=\boxed{③}$

$y=100$ を⑦に代入すると，

$2x+5\times100=1000 \quad x=\boxed{④}$

（加減法で解く）

[答] 大人…250円，子ども…100円

① x, y を使って，代金や割合などの関係について，**2つの2元1次方程式**をつくる。
② 解がそのまま問題の答えにならない場合もあるので，必ず確かめる。

3 整数の問題

例題 ③ 2けたの自然数があり，十の位の数は一の位の数の2倍である。また，その十の位の数と一の位の数を入れかえてできる数は，もとの自然数より 36 小さい。もとの自然数を求めなさい。

確認! 十の位の数が x，一の位の数が y である2けたの自然数は，$10x+y$ と表される。

解法 もとの自然数の十の位の数を x，一の位の数を y とすると，

$$\begin{cases} x= \boxed{①} & \cdots\cdots⑦ \leftarrow (十の位の数)=(一の位の数)\times 2 \\ 10y+x=10x+y- \boxed{②} & \cdots\cdots④ \leftarrow もとの自然数は 10x+y, 入れかえた数は 10y+x \end{cases}$$

④より，$-x+y= \boxed{③}$ ……④′

⑦を④′に代入すると，$-2y+y=-4$　$y= \boxed{④}$ ⎫
　　　　　　　　　　　　　　　　　　　　　　　 ⎬ 代入法で解く
$y=4$ を⑦に代入すると，$x= \boxed{⑤}$ ⎭

よって，もとの自然数は，$\boxed{⑥}$ 　　　　　　　　　答 84

4 割合の問題

例題 ④ ある工場で，先月は製品 A と B を合わせて 1000 個つくった。今月は先月より A を 10 % 少なく，B を 20 % 多くつくったところ，合わせて 1140 個になった。先月つくった製品 A，B の個数をそれぞれ求めなさい。

確認! (比べる量)=(もとにする量)×(割合)
「10 % 少ない」→ 90 %，「20 % 多い」→ 120 %

解法 先月つくった製品 A の個数を x 個，製品 B の個数を y 個とすると，

$$\begin{cases} x+y=1000 & \cdots\cdots⑦ \leftarrow 先月の個数の関係を表す方程式 \\ 0.9x+ \boxed{①} \ y=1140 & \cdots\cdots④ \leftarrow 今月の個数の関係を表す方程式 \end{cases}$$

④より，$3x+4y= \boxed{②}$ ……④′

⑦×3−④′ より，$-y=-800$　$y= \boxed{③}$ ⎫
　　　　　　　　　　　　　　　　　　　　　 ⎬ 加減法で解く
$y=800$ を⑦に代入すると， ⎭

$x+800=1000$　$x= \boxed{④}$ 　　　　答 製品 A…200 個，製品 B…800 個

第**4**日　**入試実戦テスト**

| 時間 35 分 | 得点 |
| 合格 80 点 | /100 |

解答→別冊 7 ページ

重要 **1** くだもの屋さんで，みかんと桃を買うことにした。みかん 10 個と桃 6 個の代金の合計は 1710 円，みかん 6 個と桃 10 個の代金の合計は 1890 円である。みかん 1 個と桃 1 個の値段は，それぞれいくらですか。
みかん 1 個の値段を x 円，桃 1 個の値段を y 円として方程式をつくり，求めなさい。(12 点)〔北海道〕

2 最初に，姉は x 本，弟は y 本の鉛筆をもっている。最初の状態から，姉が弟に 3 本の鉛筆を渡すと，姉の鉛筆の本数は，弟の鉛筆の本数の 2 倍になる。また，最初の状態から，弟が姉に 2 本の鉛筆を渡すと，姉の鉛筆の本数は，弟の鉛筆の本数よりも 25 本多くなる。x，y の値をそれぞれ求めなさい。(12 点)〔新潟〕

3 3 けたの自然数がある。この自然数は百の位と一の位の数が等しく，すべての位の数を加えると 20 になる。また，一の位はそのままにして，百の位の数と十の位の数を入れかえてできる自然数は，もとの自然数より 180 大きい。
もとの自然数を求めなさい。(12 点)〔栃木〕

重要 **4** ある学校では，リサイクル活動の 1 つとして，毎月 1 回，空き缶を集めている。先月は，スチール缶とアルミ缶を合わせて 40 kg 回収した。今月は，先月と比べると，スチール缶の回収量は 10 ％ 減り，アルミ缶の回収量は 10 ％ 増えたので，合わせて 42 kg 回収することができた。
先月のスチール缶とアルミ缶の回収量はそれぞれ何 kg か求めなさい。ただし，答えを求める過程がわかるように，途中の式と説明も書きなさい。

(12 点)〔和歌山〕

(記述) **5** ある中学校では，体育祭の入場門を飾りつけるため，実行委員の生徒28人が紙で花をつくった。1，2年生の実行委員は赤い花を1人につき3個ずつ，3年生の実行委員は白い花を1人につき5個ずつつくった。赤い花の数と白い花の数が同じになるように飾りつけたところ，白い花だけが4個余ったという。

　このとき，実行委員の生徒がつくった赤い花と白い花の個数はそれぞれ何個であったか。方程式をつくり，計算の過程を書き，答えを求めなさい。

(12点)〔静岡〕

(記述) **6** ある店ではボールペンとノートを販売している。先月の販売数はボールペンが60本，ノートが120冊で，ノートの売り上げ金額はボールペンの売り上げ金額より12600円多かった。今月は，先月と比べて，ボールペンの販売数が40％増え，ノートの販売数が25％減ったので，ボールペンとノートの売り上げ金額の合計は10％減った。

　このとき，ボールペン1本とノート1冊の値段はそれぞれいくらか，求めなさい。求める過程も書きなさい。(12点)〔福島〕

(記述) **7** 空の貯金箱に，毎日，10円硬貨か50円硬貨のどちらか1枚を入れていき，365日間貯金した。貯金箱の中の硬貨を取り

	10円硬貨1枚	50円硬貨1枚	空の貯金箱
重さ	4.5 g	4 g	100 g

出さずに，貯金箱に入っている硬貨の合計金額を求めたい。硬貨の入った貯金箱の重さをはかると1700 gであった。また，硬貨と空の貯金箱の重さは，それぞれ上の表に示したとおりである。

貯金箱の中に入っている10円硬貨の枚数を x 枚，50円硬貨の枚数を y 枚として，連立方程式をつくり，それを解いて，貯金箱の中に入っている硬貨の合計金額を求めなさい。(14点)〔愛媛〕

8 兄と弟がはじめに所持していた小遣いの金額の比は 8:5 であったが，兄弟それぞれ買物をしたところ，その残金はともに200円になった。また，兄と弟がその買物で支払った金額の比は 5:3 であった。兄のはじめの小遣いを x 円，兄が支払った金額を y 円として連立方程式をつくり，兄と弟のはじめの小遣いの金額を求めなさい。(14点)〔新潟〕

第5日 連立方程式の利用 ②

解答→別冊9ページ

1 速さの問題

> **例題 ①** ある人がA地からB地を通って，C地まで行った。A地からB地までは時速4km，B地からC地までは時速6kmで歩いたら，全体で3時間かかった。A地からC地までの道のりは15kmである。A地からB地までの道のりと，B地からC地までの道のりを求めなさい。

 確認! 道のりの関係と時間の関係について，それぞれ方程式をつくる。

途中で速さが変わる問題では，出発地点から速さが変わる地点までと，それ以降とに分けて，それぞれの道のり，または時間を x，y とおく。

$$（時間）＝\frac{（道のり）}{（速さ）}$$

 解法 A地からB地までの道のりを x km，B地からC地までの道のりを y km とすると，

$$\begin{cases} x+y=15 & \cdots\cdots ⑦ \quad ←道のりの関係を表す方程式をつくる \\ \dfrac{x}{4}+\dfrac{y}{6}=\boxed{①} & \cdots\cdots ① \quad ←時間の関係を表す方程式をつくる \end{cases}$$

①×12 より，$3x+2y=\boxed{②}$ ……①′ ←係数を整数になおす

⑦×3−①′ より，$y=\boxed{③}$

$y=9$ を⑦に代入すると，

$x+9=15 \quad x=\boxed{④}$

｝加減法で解く

〔答〕 A地からB地…6km，B地からC地…9km

> **例題 ②** ある人がA地からB地までの間を峠を越えて往復するのに，行きは3時間，帰りは3時間40分かかった。速さは，上りが時速2km，下りが時速6kmである。このとき，A，B両地間の道のりを求めなさい。

 確認! 行きの時間の関係と帰りの時間の関係について，それぞれ方程式をつくる。

行きと帰りで，上りと下りが逆になることに注意する。

$$3時間40分=3\frac{40}{60}時間=3\frac{2}{3}時間$$

① 速さの問題は，速さの公式を利用する。
② 食塩水の問題は，ふくまれている食塩の重さに目をつける。
③ 複雑な数量の関係は，図や表にかいて考える。

 A 地から峠までの道のりを x km，峠から B 地までの道のりを y km とすると，

$$
\begin{cases}
\dfrac{x}{2}+\dfrac{y}{6}=3 & \cdots\cdots⑦ \quad \text{←行きの時間の関係を表す方程式}\\[2mm]
\dfrac{x}{6}+\boxed{①} =3\dfrac{2}{3} & \cdots\cdots⑦ \quad \text{←帰りの時間の関係を表す方程式}
\end{cases}
$$

$⑦×6$ より，$3x+y=\boxed{②}$ ……⑦′ $\Big\}$ 係数を整数になおす

$⑦×6$ より，$x+\boxed{③}=22$ ……⑦′

$⑦′-⑦′×3$ より，

$-8y=\boxed{④}$ $y=\boxed{⑤}$ $\Big\}$ 加減法で解く

$y=6$ を⑦′に代入すると，

$x+\boxed{⑥}=22$ $x=\boxed{⑦}$

よって，A，B 両地間の道のりは，$4+6=\boxed{⑧}$ (km) 　📖 **10 km**

2 食塩水の問題

例題 ③ 濃度が 3 % の食塩水と 8 % の食塩水を混ぜて，6 % の食塩水を 400 g つくりたい。それぞれ何 g 混ぜるとよいですか。

 食塩水の重さの関係と食塩の重さの関係について，それぞれ方程式をつくる。

$$
(\text{食塩の重さ})=(\text{食塩水の重さ})×\dfrac{(\text{濃度〔%〕})}{100}
$$

 3 % の食塩水を x g，8 % の食塩水を y g 混ぜるとすると，

$$
\begin{cases}
x+y=400 & \cdots\cdots⑦ \quad \text{←食塩水の重さの関係を表す方程式}\\[2mm]
\boxed{①}x+\dfrac{8}{100}y=400×\dfrac{6}{100} & \cdots\cdots⑦ \quad \text{←食塩の重さの関係を表す方程式}
\end{cases}
$$

$⑦×100$ より，$3x+8y=\boxed{②}$ ……⑦′ ←係数を整数になおす

$⑦×3-⑦′$ より，

$-5y=\boxed{③}$ $y=\boxed{④}$ $\Big\}$ 加減法で解く

$y=240$ を⑦に代入すると，

$x+240=400$ $x=\boxed{⑤}$

📖 **3 % の食塩水…160 g，8 % の食塩水…240 g**

[　　月　　日]

入試実戦テスト

時間	35 分	得点
合格	80 点	/100

解答→別冊 9 ページ

1 A さんと B さんは，午前 9 時 50 分に A さんの家から 20 km 離れた湖に向けて，サイクリングに出かけた。はじめ毎分 280 m の速さで走り，途中から速さを毎分 320 m に変えて，午前 11 時に湖に着いた。

2 人が速さを変えた時刻や地点を知るために，A さんと B さんは次のような連立方程式をつくった。

A さん $\begin{cases} x+y=20000 \\ \dfrac{x}{280}+\dfrac{y}{320}=\boxed{①} \end{cases}$　　B さん $\begin{cases} 280x+320y=20000 \\ \boxed{②} \end{cases}$

このとき，次の問いに答えなさい。(8 点 × 2)〔富山―改〕

(1) A さんと B さんがつくった連立方程式の x はそれぞれ何を表していますか。

(2) 2 人がつくった連立方程式の①にあてはまる数，②にあてはまる方程式を書きなさい。また，速さを変えた時刻を求めなさい。

2 ある人が，山の頂上をめざして，ふもとの A 地点を午前 9 時に出発した。頂上では 1 時間の休憩をとり，下りは上りと別のコースを通り，もとの A 地点に午後 3 時に着いた。コースの全長は 14 km で，上りの速さを毎時 2 km，下りの速さを毎時 4 km として，上りの道のりと下りの道のりをそれぞれ求めなさい。(10 点)〔山形〕

記述 **3** 太一さんの家から真二さんの家までの道のりは 2 km で，その途中にある図書館で 2 人は一緒に勉強することにした。太一さんは午前 10 時に自分の家を出て時速 12 km で走り，真二さんは午前 10 時 5 分に自分の家を出て時速 4 km で歩くと，同時に図書館に着いた。太一さんの家から図書館までの道のりと，真二さんの家から図書館までの道のりを，方程式をつくって求めなさい。なお，途中の計算も書くこと。(10 点)〔石川〕

重要 **4** 修さんは，家から駅まで2800 mの道のりを，はじめは分速80 mで歩き，途中からは分速200 mで走ったところ，家を出てから23分後に駅に着いた。次の問いに答えなさい。(8点×3)〔山形〕

(1) 修さんが歩いた道のりと走った道のりを，連立方程式を利用して求めるとき，式のつくり方は2通り考えられる。次の①，②の場合について，それぞれ連立方程式をつくりなさい。

① 歩いた道のりをx m，走った道のりをy mとする。

② 歩いた時間をx分，走った時間をy分とする。

(2) (1)でつくったいずれかの連立方程式を解き，歩いた道のりと走った道のりを，それぞれ求めなさい。解き方は書かなくてよい。

5 Aさんの家から駅までの道のりは2 kmである。Aさんは午前6時に家を出て，駅へ向かった。はじめは毎時3 kmの速さで歩いていたが，途中で雨が降ってきたので，毎時12 kmの速さで走ったら，午前6時19分に駅に着いた。歩いた道のりと走った道のりをそれぞれ求めなさい。(10点)〔高知〕

6 ある列車が一定の速さで走っている。この列車が550 mの鉄橋を渡り始めてから渡り終わるまでに30秒かかった。また，この列車が650 mのトンネルに入り終わってから出始めるまでに，20秒かかった。このとき，この列車の長さと速さをそれぞれ求めなさい。ただし，この列車の長さをx m，速さを毎秒y mとして連立方程式をつくって求めなさい。(10点)〔佐賀〕

重要 **7** 次の問いに答えなさい。(10点×2)

(1) 5 %の食塩水x gと10 %の食塩水y gを混ぜると，7 %の食塩水が120 gできる。xの値を求めなさい。〔都立産業技術高専 '20〕

(2) 120 gの水に食塩x gを混ぜると，20 %の食塩水y gができる。このときのxとyの値をそれぞれ求めなさい。〔都立産業技術高専 '19〕

第6日 2次方程式

解答→別冊 11 ページ

1 平方根の考えを使った解き方

 例題 1 次の 2 次方程式を解きなさい。

(1) $3x^2-6=0$　　　　　　　(2) $(x-3)^2-5=0$

 2 次方程式を $x^2=k$ や $(x+m)^2=n$ の形に変形すると，
$x^2=a \Rightarrow x=\pm\sqrt{a}$ を利用して解が求められる。

解法 (1) -6 を移項すると，

$3x^2=\boxed{①}$ 〉x^2 の係数でわる

$x^2=2$ 〉2 の平方根

[答] $x=\boxed{②}$

(2) -5 を移項すると，

$(x-3)^2=\boxed{③}$ 〉5 の平方根

$x-3=\pm\sqrt{5}$

[答] $x=\boxed{④}\pm\sqrt{5}$

2 解の公式を使った解き方

 例題 2 次の 2 次方程式を解きなさい。

(1) $2x^2-7x+4=0$　　　　　　(2) $x^2-2x-1=0$

 2 次方程式 $ax^2+bx+c=0$ の解は，$x=\dfrac{-b\pm\sqrt{b^2-4ac}}{2a}$（解の公式）

解の公式を使うと，**3** のように因数分解できない 2 次方程式も解くことができる。

解法 (1) 解の公式に $a=2$, $b=\boxed{①}$, $c=4$ を代入すると，

$x=\dfrac{-(-7)\pm\sqrt{(-7)^2-4\times2\times4}}{2\times\boxed{②}}$

$=\dfrac{7\pm\sqrt{49-\boxed{③}}}{4}$

$=\dfrac{7\pm\sqrt{\boxed{④}}}{4}$ …答

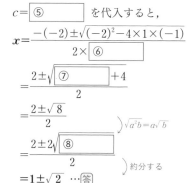

(2) 解の公式に $a=1$, $b=-2$, $c=\boxed{⑤}$ を代入すると，

$x=\dfrac{-(-2)\pm\sqrt{(-2)^2-4\times1\times(-1)}}{2\times\boxed{⑥}}$

$=\dfrac{2\pm\sqrt{\boxed{⑦}+4}}{2}$

$=\dfrac{2\pm\sqrt{8}}{2}$ 〉$\sqrt{a^2b}=a\sqrt{b}$

$=\dfrac{2\pm2\sqrt{\boxed{⑧}}}{2}$ 〉約分する

$=1\pm\sqrt{2}$ …答

① 2次方程式の x^2 の係数は，必ず**正の数**にしてから解く。
② 複雑な方程式では，～＝0 の形になおし，因数分解できるものは因数
分解し，因数分解できないものは解の公式を使って解く。

3 因数分解による解き方

例題 ③ 次の2次方程式を解きなさい。

(1) $x^2-4x-12=0$ (2) $(x-3)(x-4)-6=0$

 2次方程式の左辺が因数分解できるとき，
$(x-a)(x-b)=0$ の解は，$x=a$, $x=b$

解法 (1) 左辺を因数分解すると，

$(x+2)(x-\boxed{①})=0$ ⎫ AB＝0 ならば
⎬ A＝0 または
$x+2=0$ または $x-6=0$ ⎭ B＝0 【答】$x=\boxed{②}$, $x=\boxed{③}$

(2) 式を展開して整理すると，

$x^2-7x+\boxed{④}-6=0$　$x^2-7x+\boxed{⑤}=0$

左辺を因数分解すると，$(x-\boxed{⑥})(x-6)=0$

$x-1=0$ または $x-6=0$ 【答】$x=\boxed{⑦}$, $x=\boxed{⑧}$

4 2次方程式の解と定数

例題 ④ 2次方程式 $x^2+ax-8=0$ の解の1つが $x=2$ のとき，a の値と
もう1つの解を求めなさい。

 2次方程式の1つの解がわかっているときは，その解を代入して，a につ
いての方程式をつくり，それを解いて a の値を求める。

解法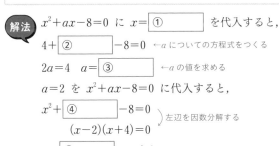

$x^2+ax-8=0$ に $x=\boxed{①}$ を代入すると，

$4+\boxed{②}-8=0$ ←a についての方程式をつくる

$2a=4$　$a=\boxed{③}$ ←a の値を求める

$a=2$ を $x^2+ax-8=0$ に代入すると，

$x^2+\boxed{④}-8=0$ ⎫
⎬ 左辺を因数分解する
$(x-2)(x+4)=0$ ⎭

$x-\boxed{⑤}=0$ または $x+4=0$

$x=2$, $x=\boxed{⑥}$ 【答】$a=2$, もう1つの解…$x=-4$

第1日
第2日
第3日
第4日
第5日
第6日
第7日
第8日
第9日
第10日
総仕上げテスト

第6日 入試実戦テスト

| 時間 30 分 | 得点 |
| 合格 80 点 | /100 |

解答→別冊 11 ページ

1 次の 2 次方程式を解きなさい。(2 点 × 4)

(1) $(x-6)^2=9$ 〔東京〕 (2) $(x+1)^2-7=0$ 〔宮城〕

(3) $(x+7)^2=(-\sqrt{5})^2$ 〔都立国分寺高〕 (4) $3(x-2)^2-53=94$

〔東京工業大附属科学技術高〕

重要 **2** 次の 2 次方程式を解きなさい。(2 点 × 6)

(1) $x^2-6x+9=0$ 〔岩手〕 (2) $x^2+3x-10=0$ 〔兵庫〕

(3) $3x^2+9x+5=0$ 〔東京 '20〕 (4) $x^2-x-1=0$ 〔鳥取〕

(5) $2x^2-5x+1=0$ 〔石川〕 (6) $(x-4)^2-9x^2=0$ 〔都立青山高〕

3 次の 2 次方程式を解きなさい。(2 点 × 6)

(1) $2x^2+4x-7=x^2-2$ 〔滋賀〕 (2) $2x^2+1=6x$ 〔静岡〕

(3) $2x^2-2x=1-5x$ 〔長野〕 (4) $x(x-4)=32$ 〔宮崎〕

(5) $x(x+6)=x+14$ 〔奈良〕 (6) $x(x+2)=5(x+2)$ 〔愛知〕

重要 **4** x についての 2 次方程式 $x(x+1)=a$ の解の 1 つは 2 である。

(4 点 × 2)〔秋田〕

(1) a の値を求めなさい。

(2) もう 1 つの解を求めなさい。

5 次の 2 次方程式を解きなさい。(4 点 × 6)

(1) $(x+1)(x-2)=4$ 〔都立八王子東高〕　(2) $(x-2)(x+3)=-2x$ 〔長崎〕

(3) $(x+2)(x-3)=x+9$ 〔山形〕　(4) $2x^2+7=(x-2)^2$ 〔岡山〕

(5) $(x+3)(x-3)=x$ 〔熊本〕　(6) $(x-4)(3x+2)=-8x-5$ 〔山形〕

6 次の 2 次方程式を解きなさい。(4 点 × 6)

(1) $(x+1)(x-7)-8(x-7)=9$ 〔都立立川高〕

(2) $2(x+2)(x-2)-3x+10=(x-4)^2$ 〔大分〕

(3) $(x+1)^2+2(x+1)-1=0$ 〔都立西高〕

(4) $2(x-2)^2-(x-1)(x-4)=8$

(5) $(x+2)(x-3)=(2x+4)(3x-5)$ 〔都立新宿高 '21〕

(6) $(2x+3)^2+(x-1)^2=(x-4)^2+(3x-2)^2$ 〔都立日比谷高〕

7 次の問いに答えなさい。(4 点 × 3)

(1) x についての 2 次方程式 $x^2+(a+2)x-a^2+2a-1=0$ の解の 1 つが 0 であるときの a の値と，もう 1 つの解を求めなさい。〔お茶の水女子大附高一改〕

(2) 2 次方程式 $x^2+ax+b=0$ の解が $x=4$ の 1 つだけとなるとき，a，b の値を求めなさい。〔青森〕

(3) x の 2 次方程式 $x^2+ax-8=0$ の 2 つの解がともに整数であるとき，a の値をすべて求めなさい。〔都立戸山高〕

第7日 2次方程式の利用

解答→別冊 13 ページ

1 整数の問題

例題 ① 大小 2 つの数がある。その差は 7 で，積は 60 になるという。この 2 つの数を求めなさい。

確認! 2 つの数を求める問題では，一方の数を x とおき，2 つの数の関係を式で表す。

解法 小さいほうの数を x とすると，大きいほうの数は ①［　　　　　］と表されるから，

$x(x+7)=$ ②［　　　　　］ ←2 次方程式をつくる

かっこをはずして式を整理すると，

x^2+ ③［　　　］$-60=0$ ←〜＝0 の形にする

$(x+12)(x-$ ④［　　　］$)=0$ ←左辺を因数分解する

よって，$x=$ ⑤［　　　］，$x=5$

$x=-12$ のとき，大きいほうの数は，$-12+7=$ ⑥［　　　　　］

$x=5$ のとき，大きいほうの数は，$5+7=$ ⑦［　　　　　］

答 -12 と -5，5 と 12

例題 ② 連続する 3 つの正の整数がある。中央の数の 2 乗は，残りの 2 数の和の 3 倍に等しい。この連続する 3 つの正の整数を求めなさい。

確認! 連続する 3 つの整数は，中央の数を x とすると，あとの計算が簡単になる場合が多い。

解法 中央の数を x とすると，残りの 2 数は $x-1$，①［　　　　　］と表されるから，

②［　　　　　］$=3\{(x-1)+(x+1)\}$ ←2 次方程式をつくる

かっこをはずして整理すると，x^2- ③［　　　］$=0$ ←〜＝0 の形にする

$x(x-$ ④［　　　］$)=0$ ←左辺を因数分解する よって，$x=$ ⑤［　　　］，$x=6$

x は 2 以上の整数だから，$x=$ ⑥［　　　］ ←0 は問題に適さない

$x=6$ のとき，残りの 2 数は，$6-1=$ ⑦［　　　　　］，$6+1=$ ⑧［　　　　　］

答 5，6，7

① 2次方程式の解は，x の値に条件がつく場合が多いので注意する。
② 連続する3つの整数は，**中央の整数**を x とすると，計算が簡単になる。
③ **動点の問題**では，出発点から動いた長さを x とおいて2次方程式をつくる。

2 面積の問題

例題 3 正方形の花だんがある。この花だんの縦を 2 m 短くし，横を 3 m 長くして長方形につくりかえたら，面積が $24\,\mathrm{m}^2$ になった。
もとの正方形の1辺の長さを求めなさい。

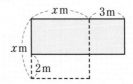

 求める辺の長さを $x\,\mathrm{m}$ として，面積を x の式で表し，2次方程式をつくる。このとき，x の条件に注意すること。

解法 正方形の1辺の長さを $x\,\mathrm{m}$ とすると，長方形の面積が $24\,\mathrm{m}^2$ だから，

$(x-2)(x+\boxed{①})=24$ ←2次方程式をつくる

式を整理すると，$x^2+x-\boxed{②}=0$ ←〜=0 の形にする

$(x+6)(x-\boxed{③})=0$ ←左辺を因数分解する $x=\boxed{④}$，$x=5$

$x>2$ だから，$x=\boxed{⑤}$ ←$x=-6$ は問題に適さない 〔答〕**5 m**

3 動点の問題

例題 4 右の長方形 ABCD で，点 P は A を出発して AB 上を B まで動き，点 Q は点 P が A を出発すると同時に B を出発して P の2倍の速さで BC 上を C まで動く。△PBQ の面積が $8\,\mathrm{cm}^2$ になるときの AP の長さを求めなさい。

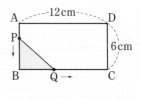

 2つの動点がつくる直角三角形の底辺と高さを x の式で表し，2次方程式をつくる。このとき，x の変域に注意する。

解法 $\mathrm{AP}=x\,\mathrm{cm}$ とすると，$\triangle\mathrm{PBQ}=\dfrac{1}{2}\times\mathrm{PB}\times\boxed{①}$ だから，

$\dfrac{1}{2}\times(6-x)\times\boxed{②}=8$ ←2次方程式をつくる

式を整理すると，$x^2-6x+\boxed{③}=0$ ←〜=0 の形にする

$(x-2)(x-\boxed{④})=0$ ←左辺を因数分解する $x=\boxed{⑤}$，$x=4$

$0\leqq x\leqq\boxed{⑥}$ だから，2つの解は問題に合う。 〔答〕**2 cm，4 cm**

29

第7日　入試実戦テスト

解答→別冊13ページ

1 大，小2つの自然数がある。その差は6で，小さい数を2乗した数は，大きい数の2倍に3を加えた数に等しい。このとき，小さい数を x として方程式をつくり，この2つの自然数を求めなさい。(8点) 〔栃木〕

2 ある数 x に2を加えて2乗したものと，x に4をかけ，8を加えたものが等しくなった。x の値をすべて求めなさい。(8点) 〔大分〕

記述 **3** 右の図は，ある月のカレンダーである。このカレンダーの中のある数を x とする。x の真下の数に x の左どなりの数をかけて15を加えた数は，x に16をかけて13をひいた数と等しくなる。
このとき，このカレンダーの中のある数 x を求めなさい。求める過程も書きなさい。(10点) 〔福島〕

日	月	火	水	木	金	土
		1	2	3	4	5	6
7	8	9	10	11	12	13
14	15	16	17	18	19	20
21	22	23	24	25	26	27
28	29	30	31			

重要 **4** 連続する2つの自然数がある。この2つの自然数の積は，この2つの自然数の和より55大きい。このとき，連続する2つの自然数を求めなさい。

(8点) 〔新潟〕

5 ある週の月曜日と水曜日の日にちを表す数をかけたものが，火曜日の日にちを表す数の9倍より1小さい。このとき，火曜日の日にちを表す数を求めなさい。(10点) 〔青森〕

6 正の整数について，3つの続いた偶数の和の平方から，それら3つの偶数の平方の和をひくと，592になる。このとき，3つの続いた偶数のうち，もっとも大きい数を求めなさい。(10点) 〔東京工業大附属科学技術高〕

7 ある正の整数 x の 2 乗を，x より 3 大きい数でわると，商が 6 で余りが 9 になる。このとき，ある正の整数 x を求めなさい。(10 点)〔青森〕

重要 8 ある正方形の縦を 5 cm，横を 10 cm それぞれのばして長方形をつくると，その面積がもとの正方形の面積の 6 倍になった。
このとき，もとの正方形の 1 辺の長さを求めなさい。(8 点)〔鳥取〕

記述 9 右の図のように，AB＝20 cm，AD＝10 cm の長方形 ABCD の紙に，幅が x cm のテープを，辺 AB に平行に 2 本，辺 AD に平行に 4 本はりつけた。図中の□は，テープがはられている部分を示している。テープがはられていない部分すべての面積の和が，長方形 ABCD の面積の 36 % であるとき，x の値はいくらですか。x の値を求める過程も，式と計算を含めて書きなさい。(10 点)〔香川〕

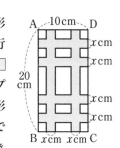

10 右の図のように，AB＝10 cm，BC＝20 cm の長方形がある。点 P，Q は頂点 A を同時に出発し，P は毎秒 5 cm，Q は毎秒 2 cm の速さで，矢印の向きに AB，BC，CD，DA の順に長方形の辺上を 1 周する。
このとき，次の問いに答えなさい。〔北海道〕

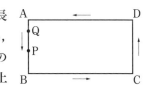

(1) 点 P が辺 AD 上にあり，AP＝5 cm になるのは，点 P が頂点 A を出発してから何秒後ですか。(8 点)

(2) 点 P が辺 BC 上，点 Q が辺 AB 上にあり，△QBP の面積が 10 cm² になるのは，点 P，Q が頂点 A を出発してから何秒後ですか。(10 点)

第8日　確　率　①

解答→別冊 15 ページ

1 色玉の問題

例題 1 　赤玉 3 個，白玉 2 個，青玉 1 個が入っている袋から，玉を 1 個取り出すとき，次の確率を求めなさい。

(1) 赤玉が出る確率　　　　　　　(2) 赤玉または青玉が出る確率

 起こりうる場合が全部で n 通りあり，そのうち，ことがら A の起こる場合が a 通りあるとき，A の起こる確率 p は，$p=\dfrac{a}{n}$

 玉の取り出し方は，全部で，$3+2+1=$ [①　　　　　]（通り）ある。

(1) 赤玉は 3 個あるから，赤玉が出る場合は [②　　　　] 通り。

よって，求める確率は，$\dfrac{[③\qquad]}{6}=\dfrac{1}{2}$ …[答] ← $p=\dfrac{a}{n}$

(2) 赤玉と青玉の個数の合計は $3+1=$ [④　　　]（個）だから，赤玉または青玉が出る場合は [⑤　　　] 通り。

よって，求める確率は，$\dfrac{[⑥\qquad]}{6}=\dfrac{2}{3}$ …[答] ← $p=\dfrac{a}{n}$

2 さいころの問題

例題 2 　2 つのさいころを同時に投げるとき，次の確率を求めなさい。

(1) 出る目の数の和が 6 になる確率

(2) 出る目の数の和が 9 以上になる確率

 2 つのさいころの目の出方は，全部で 36 通りある。2 つのさいころを区別して，(1, 5) と (5, 1) のような目の出方は別々に数える。

 2 つのさいころの目の出方は，全部で，$6×6=$ [①　　　　　]（通り）

(1) 出る目の数の和が 6 になるのは，(1, 5), (2, [②　　　　]), (3, 3), (4, 2), ([③　　　　], 1) の 5 通りあるから，求める確率は，

$\dfrac{[④\qquad]}{36}$ …[答] ← $p=\dfrac{a}{n}$

① 場合の数は，樹形図や表などを使って正確に求める。
② 確率では，まず起こりうる場合が全部で何通りあるかを求める。
③ 2つのさいころの目の出方の総数は覚えておく。

(2) 出る目の数の和が9以上になるのは，(3, 6)，
(4, ⑤)，(4, 6)，(5, 4)，(5, 5)，
(⑥ , 6)，(6, 3)，(6, 4)，(6, 5)，
(6, 6) の ⑦ 通りあるから，求める確率

は，$\dfrac{⑧}{36}=\dfrac{5}{18}$ …答 ← $p=\dfrac{a}{n}$

	1	2	3	4	5	6
1						
2						
3						○
4					○	○
5				○	○	○
6			○	○	○	○

3 硬貨の問題

例題 ③ **2枚の硬貨を同時に投げるとき，次の確率を求めなさい。**
(1) 両方とも表が出る確率
(2) 1枚は表で，1枚は裏が出る確率
(3) 少なくとも1枚は表が出る確率

確認! 2枚の硬貨を投げたときの表と裏の出方は，全部で4通りある。
(ことがら A の起こらない確率)＝1－(ことがら A の起こる確率)

解法 2枚の硬貨の表と裏の出方を ① に表すと，右の図の
ようになる。これより，2枚の硬貨の表と裏の出方は，全部で，

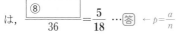

$2×2=$ ② (通り)

(1) 両方とも表が出るのは図より ③ 通りだから，求め
る確率は，④ …答

(2) 1枚は表で，1枚は裏が出るのは図より ⑤ 通りだから，求める確率
は，$\dfrac{2}{4}=$ ⑥ …答
└(表, 裏)と(裏, 表)の場合

(3) 少なくとも1枚は表が出るのは図より ⑦ 通りだから，求める確率
は，⑧ …答
└(表, 表)，(表, 裏)，(裏, 表)の場合

別解 求める確率は 1－(両方とも ⑨ が出る確率) と同じになる。
両方とも裏が出る確率は ⑩ だから，求める確率は，

$1-\dfrac{1}{4}=$ ⑪ …答 ←(起こらない確率)＝1－(起こる確率)

33

第8日 入試実戦テスト

1 次の問いに答えなさい。(8点×2)

(1) 赤玉3個と白玉2個が入っている袋の中から，玉を同時に2個取り出すとき，2個とも同じ色の玉である確率を求めなさい。〔佐賀〕

(2) 袋の中に，赤玉3個と白玉3個が入っている。この袋の中から，同時に2個の玉を取り出すとき，1個が赤玉，1個が白玉である確率を求めなさい。

〔福岡〕

2 右の図のように，正三角形ABCがあり，辺AB，BC，CAの中点をそれぞれ点D，E，Fとする。また，箱の中にはB，C，D，E，Fの文字が1つずつ書かれた5個のボールが入っている。

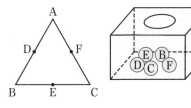

箱の中から2個のボールを取り出し，それらのボールと同じ文字の点と頂点Aの3点を結んでできる図形について，次の問いに答えなさい。

(8点×2)〔富山〕

(1) できる図形が直角三角形になる確率を求めなさい。

(2) できる図形が三角形にならない確率を求めなさい。

重要 3 大小2つのさいころを同時に投げるとき，次の問いに答えなさい。

(6点×3)〔佐賀〕

(1) 出る目の数の和が5になる確率を求めなさい。

(2) 出る目の数の積が奇数になる確率を求めなさい。

(3) 少なくとも1つは2の目が出る確率を求めなさい。

重要 **4** 4枚の硬貨を同時に投げるとき，表が3枚以上出る確率を求めなさい。ただし，それぞれの硬貨の表裏の出方は，同様に確からしいものとする。

(10点)〔京都〕

5 次の問いに答えなさい。(10点×2)

(1) 1から6までの目のある赤と白の2個のさいころを同時に投げるとき，赤のさいころと白のさいころの出る目の数をそれぞれa，bとする。このとき，$\sqrt{ab}$ が整数になる確率を求めなさい。〔茨城〕

(2) 1から6までの目の出る大小1つずつのさいころを同時に1回投げる。大きいさいころの出た目の数をa，小さいさいころの出た目の数をbとするとき，$(a-b)^2$ の値が10以下となる確率を求めなさい。ただし，大小2つのさいころはともに，1から6までのどの目が出ることも同様に確からしいものとする。〔都立立川高〕

6 1から6までの目の出る大小1つずつのさいころを同時に1回投げる。大きいさいころの出た目の数を十の位の数とし，小さいさいころの出た目の数を一の位の数として2けたの数をつくる。
この2けたの数が8の倍数になる確率を求めなさい。ただし，大小2つのさいころはともに，1から6までのどの目が出ることも同様に確からしいものとする。(10点)〔都立産業技術高専〕

7 下の図のように，数直線上の2の位置に点Pがある。大小2つのさいころを同時に1回投げ，大きいさいころの出た目をa，小さいさいころの出た目をbとする。点Pは数直線上を右方向にaだけ移動したあと，左方向にbだけ移動する。このとき，絶対値が2以下の範囲に，点Pが止まる確率を求めなさい。ただし，さいころを投げるとき，1から6までのどの目が出ることも同様に確からしいものとする。(10点)〔千葉〕

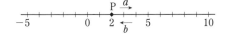

第9日 確 率 ②

解答→別冊 17 ページ

1 くじの問題

> **例題 1** 3本が当たりくじである **5本のくじ**を，**A，B の 2 人**が 1 本ずつ続けて引くとき，次の確率を求めなさい。
>
> (1) 2 人とも当たる確率　　　　　(2) 2 人ともはずれる確率
>
> 当たりくじを①，②，③，はずれくじを 4，5 として区別し，樹形図に表す。

解法 当たりくじを①，②，③，はずれくじを 4，5 として，2 人のくじの引き方を ①　　　　に表すと，下の図のようになる。

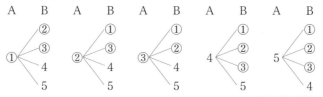

これより，2 人のくじの引き方は，全部で，5×4＝ ②　　　　（通り）

(1) 2 人とも当たる場合は 3×2＝ ③　　　　（通り）あるから，求める確率は，

$$\frac{6}{20}＝\boxed{④\qquad} \cdots 答 \quad \leftarrow p=\frac{a}{n}$$

(2) 2 人ともはずれる場合は 2×1＝ ⑤　　　　（通り）あるから，求める確率は，

$$\frac{2}{20}＝\boxed{⑥\qquad} \cdots 答 \quad \leftarrow p=\frac{a}{n}$$

2 カードの問題

> **例題 2** ⓪，①，②，③ の 4 枚のカードから，異なる 3 枚のカードを使って，3 けたの整数をつくる。このとき，次の問いに答えなさい。
>
> (1) できる 3 けたの整数は全部で何通りありますか。
>
> (2) できる 3 けたの整数が奇数になる確率を求めなさい。
>
> 百の位には，⓪のカードは使えないことに注意する。
> 奇数になるのは，一の位の数が 1 または 3 の場合である。

① 場合の数は，樹形図に表して調べるとよい。
② 順番を区別しない選び方では，同じ組み合わせになるものは省く。
③ 関数や図形と関連させた問題もよく出題されるので，慣れておく。

解法 百の位のカードは，⓪を除く [①　　　　] 通りあるから，3けたの整数のつくり

方を [②　　　　] に表すと，下の図のようになる。

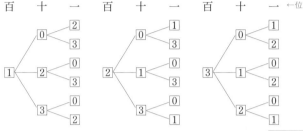

百　　十　　一　　百　　十　　一　　百　　十　　一 ←位

(1) これより，カードの選び方は，全部で，3×3×2＝[③　　　　] (通り) …答

(2) 奇数になるのは一の位のカードが⓵，⓷の場合だから，全部で，

2＋4＋2＝[④　　　　] (通り)

よって，求める確率は $\dfrac{8}{18}$＝[⑤　　　　] …答 ←$p=\dfrac{a}{n}$

3 組み合わせと確率

例題 3 A，B，C，D の4人から2人の代表をくじで選ぶとき，A，B の
2人が代表に選ばれる確率を求めなさい。

確認! 4人から2人を選ぶ選び方では，選ぶ順番は関係しないから，(A，B)
と (B，A) は同じ選び方になることに注意する。

解法 A，B，C，D の4人から2人を選ぶとき，その選び方を [①　　　　] に表すと，
下の図のようになる。

これより，代表の選び方は，全部で，3＋2＋1＝[②　　　　] (通り) あり，その
うち，A，B がともに選ばれる場合は [③　　　　] 通りだから，求める確率は，

[④　　　　] …答

37

第9日 入試実戦テスト

時間	35 分	得点
合格	80 点	/100

解答→別冊 17 ページ

1 次の問いに答えなさい。(10 点 × 2)

(1) 箱の中に 4 本のくじがあり，そのうち 3 本が当たりくじである。箱の中から，A さんが 1 本引く。引いたくじを箱の中にもどした後，同様に B さんが 1 本引く。このとき，2 人とも当たりくじを引く確率を求めなさい。ただし，どのくじを引くことも同様に確からしいものとする。〔山梨〕

重要 (2) 当たりくじが 2 本とはずれくじが 1 本の合計 3 本のくじが入っている箱がある。この中から A さんが 1 本引き，それを箱にもどさずに B さんがもう 1 本引く。このとき，2 人とも当たりくじを引く確率を求めなさい。

〔岐阜〕

2 昨年のある地区の吹奏楽コンクールに出場したのは 3 校で，演奏順は，1 番目が A 中学校，2 番目が B 中学校，3 番目が C 中学校でした。今年もこの 3 校だけが出場し，演奏順をくじ引きで決めるとき，今年の演奏順が，どの中学校も昨年の演奏順と同じにならない確率を求めなさい。(10 点) 〔宮城〕

重要 **3** 右の図のように，1 から 6 までの数字を 1 つずつ書いた 6 枚のカードがある。

| 1 | 2 | 3 | 4 | 5 | 6 |

このカードをよくきってから 1 枚引き，そのカードをもとにもどして，よくきってからもう 1 回引く。このとき，1 回目に引いたカードに書かれている数字を a，2 回目に引いたカードに書かれている数字を b とする。

(10 点 × 2) 〔福島〕

(1) $ab=4$ となる確率を求めなさい。

(2) $\dfrac{b}{a}$ の値が整数になる確率を求めなさい。

4 右の図のような，0, 1, 2, 3, 4 の数が 1 つずつ書か
れた 5 枚のカードがある。この 5 枚のカードをよくき
って，同時に 2 枚を取り出すとき，取り出したカードに書かれている数の
和が 3 の倍数になる確率を求めなさい。(10 点)〔長野〕

| 0 | 1 | 2 | 3 | 4 |

5 右の図のように，−2, −1, 1, 2, 3 の数が書かれた
ボールが 1 個ずつ入っている箱がある。この箱から
A さんがボールを 1 個取り出し，取り出されたボー
ルに書かれている数を m とする。そして，取り出し
たボールを箱にもどす。次に B さんがこの箱からボ
ールを 1 個取り出し，取り出されたボールに書かれている数を n とする。
このとき，次の問いに答えなさい。ただし，箱に入っているどのボールの
取り出し方も同様に確からしいものとする。(10 点 × 2)〔京都〕

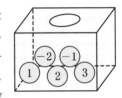

(1) $m+n \leqq 0$ となる確率を求めなさい。

(2) 1 次関数 $y=mx+n$ のグラフをかいたとき，そのグラフと x 軸との交点
を P とする。このとき，点 P の x 座標が正となる確率を求めなさい。

6 次の問いに答えなさい。(10 点 × 2)

(1) A, B, C, D, E の 5 人の中から，くじ引きで 2 人を選んでチームをつく
るとき，チームの中に A がふくまれる確率を求めなさい。〔福島〕

(2) 4 枚の硬貨 A, B, C, D を同時に投げるとき，2 枚が表で 2 枚が裏の出る
確率を求めなさい。ただし，硬貨 A, B, C, D のそれぞれについて，表
と裏が出ることは同様に確からしいものとする。〔福岡〕

第10日 データの活用

解答→別冊19ページ

1 度数分布表と相対度数

例題 1　次の表は，あるクラスの生徒25人の通学時間を度数分布表にまとめたものである。(1)〜(4)の値を求めなさい。

階級(分)	度数(人)	相対度数	累積度数(人)	累積相対度数
以上　未満				
0 〜 5	2	0.08	2	0.08
5 〜 10	(1)	0.28	9	0.36
10 〜 15	8	(2)	(3)	0.68
15 〜 20	5	0.20	22	(4)
20 〜 25	3	0.12	25	1.00
合計	25	1.00		

確認!　相対度数 = $\dfrac{各階級の度数}{度数の合計}$，累積相対度数 = $\dfrac{各階級の累積度数}{度数の合計}$

解法　(1) ① ─ (2+8+5+3) = ② …答

(2) 8÷ ③ = ④ …答　(3) 9+ ⑤ = ⑥ …答

(4) ⑦ ÷25 = ⑧ …答

2 ヒストグラムと代表値

例題 2　右のグラフは，20人のクラスで行った小テストの結果をヒストグラムに表したものである。次の代表値を求めなさい。

(1) 平均値　　(2) 中央値　　(3) 最頻値

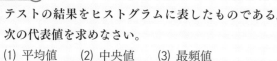

確認!　中央値(メジアン)…データの値を大きさの順に並べたときの中央の値

最頻値(モード)…データの値の中で，もっとも多く現れる値

解法　(1) (1×2+2×3+3×5+4×6+5×4)÷ ① = ② (点) …答

(2) (3+ ③)÷2 = ④ (点) …答 ← 10番目と11番目の値の平均値

(3) もっとも人数が多い得点だから， ⑤ (点) …答

40

3 四分位数と箱ひげ図

例題 ③ 次のデータについて，下の問いに答えなさい。

2, 4, 7, 11, 3, 8, 5, 1

(1) 四分位数，四分位範囲を求めなさい。　(2) 箱ひげ図をかきなさい。

データを小さい順に並べたとき，4等分する位置の値を四分位数という。

第1四分位数…前半部分の中央値，第2四分位数…データ全体の中央値，

第3四分位数…後半部分の中央値

四分位範囲 ＝ 第3四分位数 － 第1四分位数

解法

(1) データを小さい順に並べると，1, 2, 3, 4, 5, 7, 8, 11

中央値は，$(4+$ ① $)\div 2 =$ ② …答　←4番目と5番目の平均値

第1四分位数は，$($ ③ $+3)\div 2 =$ ④ …答　←2番目と3番目の平均値

第3四分位数は，$(7+8)\div$ ⑤ $=$ ⑥ …答　←6番目と7番目の平均値

四分位範囲は，⑦ $-2.5 =$ ⑧ …答　←第3四分位数－第1四分位数

(2)

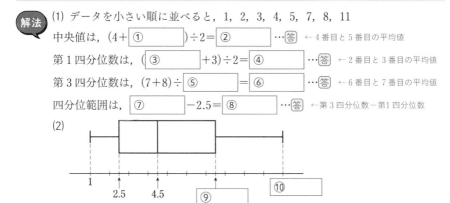

4 標本調査

例題 ④ ある池で200匹の魚を捕獲し，それら全部に印をつけて池に返した。しばらくして64匹の魚を捕獲したところ，印をつけた魚が8匹ふくまれていた。この池にはおよそ何匹の魚がいると考えられますか。

母集団での比率と標本での比率はほぼ等しいとみなして考える。

解法
池におよそ x 匹の魚がいるとすると，

$x:200 =$ ① $:8 =$ ② $:1$　←母集団で印の　標本で印の
　　　　　　　　　　　　　　　 ついた魚の比率　ついた魚の比率

$x = 200 \times$ ③ $=$ ④ 　　　　**答** およそ1600匹

第10日 **入試実戦テスト**

時間 30分　合格 80点　得点 /100

解答→別冊19ページ

1 次の資料は，太郎さんを含めた生徒15人の通学時間を4月に調べたものである。(7点×3)〔栃木―改〕

> 3，5，7，7，8，9，9，11，12，12，12，14，16，18，20（分）

(1) この資料から読み取れる通学時間の最頻値を答えなさい。

(2) この資料についての四分位範囲を求めなさい。

(3) この資料を右の度数分布表に整理したとき，5分以上10分未満の階級の相対度数を求めなさい。

階級(分)	度数(人)
以上　未満	
0 ～ 5	
5 ～ 10	
10 ～ 15	
15 ～ 20	
20 ～ 25	
計	15

重要 **2** 太郎さんのクラス生徒全員について，ある期間に図書室から借りた本の冊数を調べ，表にまとめた。しかし，表の一部が右のように破れてしまい，いくつかの数値がわからなくなった。(8点×2)〔石川―改〕

冊数(冊)	度数(人)	相対度数
0	6	0.15
1	6	0.15
2	12	0.30
3		0.25
4		
計		

(1) 3冊の階級の累積相対度数を求めなさい。

(2) このクラスの生徒がある期間に借りた本の冊数の平均値を求めなさい。

3 下の表は，あるクラスで実施した小テストについて，得点が4点である人数 x 人を含めた40人の生徒の得点の結果を表に整理したものである。このクラス40人の生徒の得点の平均値と中央値をそれぞれ求めなさい。

(8点×2)〔都立新宿高 '19〕

得点(点)	1	2	3	4	5	計
人数(人)	1	5	14	x	3	40

4 50 点満点のテストを 8 人の生徒が受験した。その結果は次のようであった。

42, 25, 9, 37, 11, 23, 50, 31（点）

テストを欠席した A さんと B さんの 2 人がこのテストを後日受験した。A さんの得点は 26 点であった。また，A さんと B さんの得点の平均値が，A さんと B さんを含めた 10 人の得点の中央値と一致した。

このとき，B さんの得点として考えられる値は何通りあるか答えなさい。ただし，得点は整数である。(9 点)〔東京学芸大附高〕

重要 **5** 右のグラフは，あるクラスの 20 人が，読書週間に読んだ本の冊数と人数の関係を表したものである。この 20 人が読んだ本の冊数について，次の問いに答えなさい。(7 点 × 2)〔秋田一改〕

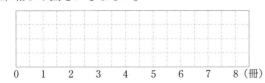

(1) 代表値を求めたとき，その値が最も大きいものを，次のア〜ウから 1 つ選んで記号を書きなさい。

ア 平均値 **イ** 中央値 **ウ** 最頻値

(2) 箱ひげ図をかきなさい。

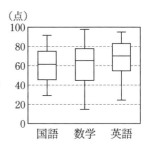

6 右の図は，ある中学校で行った国語，数学，英語のテストについての，50 人の得点を箱ひげ図に表したものである。(8 点 × 2)

(1) 12 人以上が 80 点以上とれたテストはどれですか。

(2) 国語のテストでは，40 点以上とれた生徒は最低何人いると考えられますか。

重要 **7** ある工場で同じ製品を 10000 個作った。このうち 300 個の製品を無作為に抽出して検査すると，7 個の不良品が見つかった。この結果から，10000 個の製品の中に含まれる不良品の個数はおよそ何個と考えられますか。一の位を四捨五入して答えなさい。(8 点)〔京都〕

総仕上げテスト

時間 60分　合格 80点　得点 ／100

解答→別冊 20 ページ

1 次の方程式を解きなさい。(2点×8)

(1) $7x-6=3(x-4)$　〔佐賀〕

(2) $\dfrac{x}{3}-1=\dfrac{x-3}{4}$　〔宮崎〕

(3) $\begin{cases} 5x-6y=16 \\ 3x+4y=2 \end{cases}$　〔青森〕

(4) $\begin{cases} \dfrac{x-1}{3}+\dfrac{3y+1}{6}=0 \\ 0.4(x+4)+0.5(y-3)=0 \end{cases}$

〔都立青山高 '20〕

(5) $x^2-5x-24=0$　〔宮城〕

(6) $2x^2+5x+1=0$　〔富山〕

(7) $x^2=x$　〔宮崎〕

(8) $(x-2)^2=x+4$　〔愛知〕

2 次の問いに答えなさい。(4点×2)

(1) x についての1次方程式 $3(a-2x)+2(2a+x)=a$ の解が $x=3$ のとき，a の値を求めなさい。〔愛知〕

(2) 2次方程式 $x^2-4x+4=0$ の解が，2次方程式 $3x^2+ax-24=0$ の解の1つとなるとき，a の値を求めなさい。〔和歌山〕

3 鉛筆を何人かの子どもに分けるのに，1人に6本ずつ分けると10本たりなかった。このとき，次の問いに答えなさい。(3点×2)〔富山〕

(1) 子どもの人数を x 人として，鉛筆の本数を x を使った式で表しなさい。

(2) 鉛筆をすべて回収して，あらためて1人に4本ずつ分けると16本余った。このとき，子どもの人数を求めなさい。

4 町内の子ども会で，遊園地に行くことになった。通常の入園料は，大人3人と子ども15人のときは9900円である。

この遊園地では，大人と子どもの合計人数が20人以上の場合，団体割引の適用を受け2割引きとなるので，大人4人と子ども18人のときは9760円である。次の問いに答えなさい。〔徳島〕

(1) 通常の大人1人の入園料を x 円，子ども1人の入園料を y 円として，

① 大人3人と子ども15人分の入園料が9900円であることを，x，y を用いて，方程式で表しなさい。（2点）

② 団体割引の適用を受ける場合の大人1人の入園料を，x を用いて表しなさい。（2点）

③ 通常の大人1人の入園料と，子ども1人の入園料を，それぞれ求めなさい。（2点）

(2) 通常の入園料で，大人3人と子ども16人分のお金がある。このお金で，団体割引の適用を受ける場合，大人3人のとき，子どもは最大で何人まで入園することができるか，求めなさい。（4点）

5 連続した3つの自然数があり，最も大きい数と2番目に大きい数の2つの数の積は，最も小さい数の6倍より20大きくなった。このとき，最も小さい自然数を x として，次の問いに答えなさい。（3点×2）〔佐賀〕

(1) 最も大きい数と2番目に大きい数を，それぞれ x を使って表しなさい。

(記述)(2) 3つの自然数を求めなさい。ただし，x についての方程式をつくり，答えを求めるまでの過程も書きなさい。

45

6 自然数 a, b, c, m, n について，2次式 x^2+mx+n が $(x+a)(x+b)$ または $(x+c)^2$ の形に因数分解できるかどうかは，m, n の値によって決まる。例えば，次のように，因数分解できるときと因数分解できないときがある。(5点×2) 〔山口〕

　・$m=6$, $n=8$ のとき，2次式 x^2+6x+8 は $(x+a)(x+b)$ の形に因数分解できる。

　・$m=6$, $n=9$ のとき，2次式 x^2+6x+9 は $(x+c)^2$ の形に因数分解できる。

　・$m=6$, $n=10$ のとき，2次式 $x^2+6x+10$ はどちらの形にも因数分解できない。

(1) 2次式 x^2+mx+n が $(x+a)(x+b)$ の形に因数分解でき，$a=2$, $b=5$ であったとき，m, n の値を求めなさい。

(記述) (2) 右の図のような，1から6までの目が出るさいころがある。このさいころを2回投げ，1回目に出た目の数を m，2回目に出た目の数を n とするとき，2次式 x^2+mx+n が $(x+a)(x+b)$ または $(x+c)^2$ の形に因数分解できる確率を求めなさい。ただし，答えを求めるまでの過程も書きなさい。なお，このさいころは，どの目が出ることも同様に確からしいものとする。

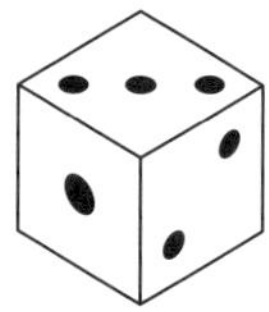

7 大小2つの正八面体にそれぞれ1から8までの数を書き，正八面体のさいころをつくった。この2つのさいころを同時に投げるとき，次の問いに答えなさい。ただし，どの目が出ることも同様に確からしいとする。

(4点×3) 〔広島大附高〕

(1) 異なる目が出る確率を求めなさい。

(2) 出る目の数の和が3の倍数となる確率を求めなさい。

(3) 出る目の数の積が24の約数となる確率を求めなさい。

8 1枚の硬貨を投げて，表が出たら2点，裏が出たら1点を得点とする。1枚の硬貨を3回投げるとき，得点の合計が4点になる確率を求めなさい。

(10点) 〔東京工業大附属科学技術高〕

記述 9 箱の中に，数字を書いた4枚のカード①，①，②，②が入っている。これ
らをよくかき混ぜてから，2枚のカードを同時に取り出すとき，それぞれ
のカードに書かれている数字が同じである確率を求めなさい。ただし，求
め方も書くこと。（10点）〔新潟〕

10 サッカーが好きな航平さんは，日本のチーム
に所属しているプロのサッカー選手の中から
100人を無作為に抽出し，身長や靴のサイズ，
出身地についての標本調査を行った。表1は
身長について，表2は靴のサイズについて，
その結果をそれぞれ度数分布表に表したもの
である。また，表3は抽出した選手について，
熊本県出身の選手と熊本県以外の出身の選手
の人数をそれぞれ表したものである。

（3点×4）〔熊本〕

表1

身長(cm)	度数(人)
以上　　未満	
160 ～ 165	2
165 ～ 170	10
170 ～ 175	22
175 ～ 180	25
180 ～ 185	24
185 ～ 190	13
190 ～ 195	4
計	100

表2

靴のサイズ(cm)	度数(人)
24.5	2
25	6
25.5	8
26	14
26.5	18
27	17
27.5	16
28	11
28.5	6
29	2
計	100

(1) 航平さんの身長は，177 cmである。表1にお
いて，航平さんの身長と同じ身長の選手が含
まれる階級の階級値を求めなさい。

(2) 表2において，靴のサイズの最頻値を答えな
さい。

(3) 次の a には平均値，中央値のいずれかの
言葉を， b には数を入れて，文を完成し
なさい。

　表2において，靴のサイズの平均値と中央値を比較すると， a
の方が b cm大きい。

(4) この標本調査を行ったとき，日本のチームに
所属しているプロのサッカー選手のうち，熊
本県出身の選手は36人いた。表3から，日本
のチームに所属しているプロのサッカー選手
のうち，熊本県以外の出身の選手は何人いた
と推定されるか，求めなさい。

表3

出身地	度数(人)
熊本県	2
熊本県以外	98
計	100

47

試験における実戦的な攻略ポイント５つ

① 問題文をよく読もう！

　問題文をよく読み，意味の取り違えや読み間違いがないように注意しよう。

　選択肢問題や計算問題，記述式問題など，解答の仕方もあわせて確認しよう。

② 解ける問題を確実に得点に結びつけよう！

　解ける問題は必ずある。試験が始まったらまず問題全体に目
を通し，自分の解けそうな問題から手をつけるようにしよう。
くれぐれも簡単な問題をやり残ししないように。

③ 答えは丁寧な字ではっきり書こう！

　答えは，誰が読んでもわかる字で，はっきりと丁寧に書こう。

　せっかく解けた問題が誤りと判定されることのないように注意しよう。

④ 時間配分に注意しよう！

　手が止まってしまった場合，あらかじめどのくらい時間をかけるべきかを決めておこう。

　解けない問題にこだわりすぎて時間が足りなくなってしまわないように。

⑤ 答案は必ず見直そう！

　できたと思った問題でも，誤字脱字，計算間違いなどをしているかもしれない。ケアレ
スミスで失点しないためにも，必ず見直しをしよう。

受験日の前日と当日の心がまえ

前日

● 前日まで根を詰めて勉強することは避け，暗記したものを確認する程度にとどめておこう。

● 夕食の前には，試験に必要なものをカバンに入れ，準備を終わらせておこう。

　また，試験会場への行き方なども，前日のうちに確認しておこう。

● 夜は早めに寝るようにし，十分な睡眠をとるようにしよう。もし
翌日の試験のことで緊張して眠れなくても，遅くまでスマートフ
ォンなどを見ず，目を閉じて心身を休めることに努めよう。

当日

● 朝食はいつも通りにとり，食べ過ぎないように注意しよう。

● 再度持ち物を確認し，時間にゆとりをもって試験会場へ向かおう。

● 試験会場に着いたら早めに教室に行き，自分の席を確認しよう。また，トイレの場所も
確認しておこう。

● 試験開始が近づき緊張してきたときなどは，目を閉じ，ゆっくり深呼吸しよう。

解答・解説

高校入試 10日でできる 方程式・確率・データの活用

第 1 日 1次方程式

例題の解法 p.4〜5

例題1 ① -5 ② 5 ③ 2 ④ $2x$
　　　⑤ 1 ⑥ 3

例題2 ① 12 ② 3 ③ -8 ④ 6
　　　⑤ 6 ⑥ 6 ⑦ 2 ⑧ 8

例題3 ① 4 ② 5 ③ 15 ④ 6
　　　⑤ $(x-5)$ ⑥ 15 ⑦ 13

例題4 ① -1 ② -1 ③ -1
　　　④ 5 ⑤ 4

入試実戦テスト p.6〜7

1 (1) $x=2$ (2) $x=3$ (3) $x=4$
　 (4) $x=3$ (5) $x=\dfrac{5}{6}$ (6) $x=7$

2 (1) $x=-2$ (2) $x=\dfrac{3}{2}$ (3) $x=5$
　 (4) $x=4$

3 (1) $x=\dfrac{4}{5}$ (2) $x=-2$
　 (3) $x=-10$ (4) $x=-6$

4 (1) $a=-7$ (2) $a=8$ (3) $a=-\dfrac{1}{4}$

5 (1) $x=5$ (2) $x=7$ (3) $x=5$
　 (4) $x=3$

6 (1) $x=2$ (2) $x=4$ (3) $x=-2$
　 (4) $x=6$ (5) $x=3$ (6) $x=2$
　 (7) $x=7$ (8) $x=1$

7 (1) $x=4$ (2) $x=\dfrac{5}{2}$

8 (1) $a=2$ (2) $a=-2$ (3) $a=-4$

解説

1 (1) $5x=9+1$　$5x=10$　$x=2$
　 (2) $2x-x=3$　$x=3$
　 (3) $3x-5x=-6-2$　$-2x=-8$　$x=4$
　 (4) $3x-x=4+2$　$2x=6$　$x=3$
　 (5) $x+5x=16-11$　$6x=5$　$x=\dfrac{5}{6}$
　 (6) $5x-3x=5+9$　$2x=14$　$x=7$

> **ミス注意!** 移項した項の符号を変えることを忘れないようにしよう。

> **Check Point**
> 答えがでたら元の式の文字に代入して，式が成り立つか確かめる。

2 (1) 両辺を2でわると，
　 $x-1=-3$　$x=-3+1$　$x=-2$
　 (2) $6x-2x+5=11$　$4x=11-5$
　 $4x=6$　$x=\dfrac{3}{2}$
　 (3) $-4x+2=9x-63$
　 $-4x-9x=-63-2$
　 $-13x=-65$　$x=5$
　 (4) $5x=2x+6+6$　$5x-2x=12$
　 $3x=12$　$x=4$

> **Check Point**
> かっこの前の符号が $-$ のときは，かっこをはずすと，かっこ内のすべての項の符号が変わる。

3 (1) 両辺に2をかけると，
　 $3x+4=8x$　$-5x=-4$　$x=\dfrac{4}{5}$
　 (2) 両辺に6をかけると，
　 $3(x+4)=-2(2x+1)$

ひっぱると，はずして使えます。

1

$3x+12=-4x-2$
$3x+4x=-2-12$ $7x=-14$
$x=-2$
(3)両辺を 100 倍すると，
  $20x=5x-150$ $20x-5x=-150$
  $15x=-150$ $x=-10$
(4)両辺を 10 倍すると，
  $8x-40=15x+2$ $-7x=42$
  $x=-6$

4 (1)方程式の x に 5 を代入すると，
  $3×5+a=8$ $15+a=8$
  $a=8-15$ $a=-7$
(2)方程式の x に 4 を代入すると，
  $4+2a=7×4-8$ $4+2a=20$
  $2a=20-4$ $2a=16$ $a=8$
(3)方程式の x に 2 を代入すると，
  $3×2+2a=5-a×2$ $6+2a=5-2a$
  $2a+2a=5-6$ $4a=-1$ $a=-\dfrac{1}{4}$

5 (1)$2x-3x+3=-2$ $-x=-5$ $x=5$
(2)$5x-15=2x+6$ $3x=21$ $x=7$
(3)$4x-3=2x+6+1$ $4x-2x=7+3$
  $2x=10$ $x=5$
(4)$8-6x+3=2-3x$ $-6x+3=2-11$
  $-3x=-9$ $x=3$

6 (1)両辺に 10 をかけると，
  $5x-10=2x-4$ $3x=6$ $x=2$
(2)両辺に 3 をかけると，
  $6x-(x-1)=21$ $6x-x+1=21$
  $5x=20$ $x=4$
(3)両辺に 6 をかけると，
  $2(4x-1)+12=3x$ $8x-2+12=3x$
  $5x=-10$ $x=-2$
(4)両辺に 6 をかけると，
  $4x-6=x+12$ $3x=18$ $x=6$
(5)両辺に 2 をかけると，
  $6x-5(x-1)=8$ $6x-5x+5=8$
  $x=3$
(6)両辺に 3 をかけると，
  $9x-2(2x-1)=12$ $9x-4x+2=12$

$5x=10$ $x=2$
(7)両辺に 2 をかけると，
  $4x-22=3x-1-2x$ $4x-22=x-1$
  $3x=21$ $x=7$
(8)両辺に 6 をかけると，
  $3(5-3x)-(x-1)=6$
  $15-9x-x+1=6$ $-10x=-10$
  $x=1$

ミス注意！ 分数をふくむ方程式では，分母をはらうとき，分子の式にはかっこをつけよう。また，整数の項にも数をかけることを忘れないようにしよう。

7 (1)$6×2=x×3$ $3x=12$ $x=4$
(2)$(x-1)×5=x×3$ $5x-5=3x$
  $2x=5$ $x=\dfrac{5}{2}$

Check Point

比例式の性質

$a:b=c:d$ ならば，$ad=bc$

8 方程式を整理して，なるべく簡単な式にしてから x に解を代入する。
(1)$x+5a-2a+4x=4$ $5x+3a=4$
  x に $-\dfrac{2}{5}$ を代入すると，
  $5×\left(-\dfrac{2}{5}\right)+3a=4$ $-2+3a=4$
  $3a=6$ $a=2$
(2)両辺に 3 をかけると，
  $x+a=3(2a+1)$ $x+a=6a+3$
  $a-6a=3-x$ $-5a=3-x$
  x に -7 を代入すると，
  $-5a=3-(-7)$ $-5a=10$ $a=-2$
(3)両辺に 3 をかけると，
  $3x-(2x-a)=3(a+2)$
  $3x-2x+a=3a+6$ $a-3a=6-x$
  x に -2 を代入すると，
  $-2a=6-(-2)$ $-2a=8$ $a=-4$

第2日 **1次方程式の利用**

例題の解法 p.8〜9

例題1 ①$5x-2$ ②$4x+8$ ③10
　　　 ④48 ⑤4

例題2 ①$1.3x$ ②$1.04x$ ③x
　　　 ④5000

例題3 ①5 ②$120x$ ③7

例題4 ①8 ②比例式 ③5
　　　 ④100

入試実戦テスト p.10〜11

1 $x=1$

2 64点

3 53本

4 20分後

5 3200円

6 (1)毎分60 m　(2)3分後

7 800円

8 $150\times(1-0.2)\times x$
　　　 $+150\times(50-x)-500=6280$
　　 $120x+7500-150x-500=6280$
　　 $-30x=-720$　$x=24$
　 答 24本

9 $\dfrac{100}{3}$ g

10 8分後

11 48分

12 12個

解説

1 $2x+5=8-x$ より，$x=1$

2 女子の平均点をx点とすると，
　$56\times15+25x=61\times(15+25)$
　これを解いて，$x=64$

ミス注意！ 方程式の解が問題に合っているかどうかの〔確かめ〕は省略していますが，みなさんは自分で確かめるようにしよう。

3 生徒の人数をx人とすると，
　$6x+5=7x-3$　これを解いて，$x=8$
　よって，鉛筆の本数は，
　$6\times8+5=53$(本)
　別解 鉛筆の本数をx本とすると，
　$\dfrac{x-5}{6}=\dfrac{x+3}{7}$　これを解いて，$x=53$

Check Point

過不足の問題では，求めるものをxとすると，別解のように，方程式が少し複雑になるので，式をつくりやすいものをxにするとよい。

ミス注意！ 求めるもの以外をxとした場合は，解をそのまま答えとしないこと。式をつくる前に何をxとするかを必ず書いて，解が求められたら，何を答えるのか確かめよう。

4 水そうが満水になるのをx分後とすると，$10\times30=15x$
　これを解いて，$x=20$

5 買い物をする前のAさんの所持金をx円とすると，買い物をする前のBさんの所持金は$(5000-x)$円になるから，
　$x-400=2(5000-x-400)$
　これを解いて，$x=3200$

6 (1)兄の速さを毎分x m とすると，
　　$40\times(12+6)=12x$
　　これを解いて，$x=60$
　(2)兄が毎分$60\times2=120$(m) の速さで追いかけて，x分後に弟に追いつくとすると，$40(x+6)=120x$
　　これを解いて，$x=3$

3

7 ハンカチ1枚の定価を x 円とすると，
$2000-x\times(1-0.3)\times2=880$
$1.4x=1120$　$x=800$

8 A店で支払った金額は，
$150\times(1-0.2)\times x$（円）
B店で支払った金額は，
$150\times(50-x)-500$（円）

9 2％の食塩水を x g 混ぜるとすると，
$0.02x+0.05(500-80-x)=500\times0.04$
これを解いて，$x=\dfrac{100}{3}$

┃**Check Point**
食塩水の問題では，食塩の重さに
目をつける。

10 AさんがBさんを初めて追い抜くのが
出発してから x 分後とすると，
$250x-200x=400$　これを解いて，$x=8$

┃**Check Point**
「追い抜く」ということは，2人の
進んだ距離の差がコース1周分に
なるということである。

11 AB間の道のりを x km とすると，
$\dfrac{x}{40}+\dfrac{x}{20}=\dfrac{54}{60}$
両辺を40倍すると，$x+2x=36$
$3x=36$　$x=12$
$\dfrac{12}{30}+\dfrac{12}{30}=\dfrac{24}{30}=\dfrac{48}{60}$ より，48分

┃**ミス注意！**　方程式をつくるときは
単位をそろえる。
$\dfrac{x}{40}+\dfrac{x}{20}=54$ としないように気をつ
けよう。

12 Bの箱から取り出した白玉の個数を x
個とすると，Aの箱から取り出した赤
玉の個数は $2x$ 個になるから，
$(45-2x):(27-x)=7:5$

$5(45-2x)=7(27-x)$
$225-10x=189-7x$
$-3x=-36$　$x=12$

第3日　連立方程式

例題の解法 p.12〜13

例題1 ①$15x$　②$19x$　③-1
④$2$　⑤$2$　⑥$3x-5$　⑦$9x$
⑧$1$　⑨-2

例題2 ①$6$　②$18$　③$9$　④$3$
⑤$3$　⑥-4　⑦$27$　⑧$20x$
⑨$27x$　⑩6　⑪3

例題3 ①$2b$　②$2b$　③$2a$　④$6$
⑤$6$　⑥$4$

入試実戦テスト p.14〜15

1 (1)$x=3,\ y=5$
(2)$x=3,\ y=-2$
(3)$x=7,\ y=10$
(4)$x=2,\ y=-1$
(5)$x=3,\ y=-2$
(6)$x=-3,\ y=2$

2 (1)$x=2,\ y=1$
(2)$x=-1,\ y=1$
(3)$x=6,\ y=7$
(4)$x=7,\ y=2$

3 (1)$a=3,\ b=-5$
(2)$a=3,\ b=-1$

4 (1)$x=1,\ y=-1$
(2)$x=5,\ y=-6$
(3)$x=-7,\ y=-1$
(4)$x=3,\ y=-2$
(5)$x=-3,\ y=7$

(6) $x=-4$, $y=3$
(7) $x=7$, $y=5$
(8) $x=3$, $y=1$

5 (1) $x=2$, $y=-1$
(2) $x=-5$, $y=4$

6 (1) $a=3$, $b=4$
(2) $a=\dfrac{1}{3}$, $b=\dfrac{3}{2}$

解説

Check Point

連立方程式を解くとき，$x=\sim$ か，$y=\sim$ の形があるときは**代入法**で，それ以外は**加減法**で解こう。

1 連立方程式の上の式を①，下の式を②とする。

(1) ① $\qquad 7x-3y=6$
　② $\times 3$ $\quad +)\ \ 3x+3y=24$
$\qquad\qquad\qquad 10x\qquad =30$
$\qquad\qquad\qquad\qquad x=3$
$x=3$ を②に代入すると，$3+y=8$
$y=8-3$ $\quad y=5$

(2) ① $\times 4$ $\qquad 8x-4y=32$
　② $\qquad +)\ \ 3x+4y=1$
$\qquad\qquad\qquad 11x\qquad =33$
$\qquad\qquad\qquad\qquad x=3$
$x=3$ を①に代入すると，
$6-y=8$ $\quad -y=2$ $\quad y=-2$

(3) ① $\times 2$ $\qquad 8x-6y=-4$
　② $\times 3$ $\quad -)\ \ 9x-6y=\ \ 3$
$\qquad\qquad\qquad -x\qquad =-7$
$\qquad\qquad\qquad\qquad x=7$
$x=7$ を②に代入すると，
$21-2y=1$ $\quad -2y=-20$ $\quad y=10$

(4) ① $\times 2$ $\qquad 4x+6y=2$
　② $\times 3$ $\quad +)\ \ 9x-6y=24$
$\qquad\qquad\qquad 13x\qquad =26$
$\qquad\qquad\qquad\qquad x=2$

$x=2$ を①に代入すると，
$4+3y=1$ $\quad 3y=-3$ $\quad y=-1$

(5) ① $\times 5$ $\qquad 15x-35y=115$
　② $\times 3$ $\quad -)\ 15x+\ \ 9y=27$
$\qquad\qquad\qquad\qquad -44y=88$
$\qquad\qquad\qquad\qquad\quad y=-2$
$y=-2$ を①に代入すると，
$3x+14=23$ $\quad 3x=9$ $\quad x=3$

(6) ① $\times 3$ $\qquad 6x+21y=24$
　② $\times 2$ $\quad -)\ 6x+10y=\ \ 2$
$\qquad\qquad\qquad\qquad 11y=22$
$\qquad\qquad\qquad\qquad\ y=2$
$y=2$ を①に代入すると，
$2x+14=8$ $\quad 2x=-6$ $\quad x=-3$

2 連立方程式の上の式を①，下の式を②とする。

(1) ①を②に代入すると，
$-x+3=3x-5$ $\quad -4x=-8$ $\quad x=2$
$x=2$ を①に代入すると，
$y=-2+3$ $\quad y=1$

(2) ②を①に代入すると，
$2(-5y+4)-3y=-5$
$-10y+8-3y=-5$
$-13y=-13$ $\quad y=1$
$y=1$ を②に代入すると，
$x=-5+4$ $\quad x=-1$

(3) ②を①に代入すると，
$5x-3(2x-5)=9$ $\quad 5x-6x+15=9$
$-x=-6$ $\quad x=6$
$x=6$ を②に代入すると，
$y=12-5$ $\quad y=7$

(4) ②より，$x=4y-1$ ……②′
②′を①に代入すると，
$2(4y-1)+3y=20$
$11y=22$ $\quad y=2$
$y=2$ を②′に代入すると，
$x=8-1$ $\quad x=7$

[別解] ①の両辺に 4 をかけると，
$8x+3\times4y=80$ ……①′
②を①′に代入すると，

$8x+3(x+1)=80$　$8x+3x+3=80$

$11x=77$　$x=7$

$x=7$ を②に代入すると，

$4y=7+1$　$4y=8$　$y=2$

3 (1)連立方程式に $x=4$，$y=b$ を代入すると，

$$\begin{cases} 4a+b=7 & \cdots\cdots① \\ 4-b=9 & \cdots\cdots② \end{cases}$$

②より，$b=-5$

$b=-5$ を①に代入すると，

$4a-5=7$　$4a=12$　$a=3$

(2)連立方程式に $x=2$，$y=1$ を代入すると，

$$\begin{cases} 2a+b=5 & \cdots\cdots① \\ 6+a=9 & \cdots\cdots② \end{cases}$$

②より，$a=3$

$a=3$ を①に代入すると，

$6+b=5$　$b=-1$

4 連立方程式の上の式を①，下の式を②とする。

(1)①のかっこをはずして整理すると，

$2x+2y-x+8=7$

$x+2y=-1$ $\cdots\cdots①'$

①′　　　$x+2y=-1$

②×2　+) $4x-2y=6$

　　　　　$5x\ \ \ \ =5$

　　　　　　　$x=1$

$x=1$ を①′ に代入すると，

$1+2y=-1$　$2y=-2$　$y=-1$

(2)①×2　　　$2x+4y=-14$

②×10　-) $2x-5y=40$

　　　　　　　$9y=-54$

　　　　　　　　$y=-6$

$y=-6$ を①に代入すると，

$x-12=-7$　$x=5$

(3)②×2　$2y=x+5$ $\cdots\cdots②'$

①を②′ に代入すると，

$2y=(8y+1)+5$

$-6y=6$　$y=-1$

$y=-1$ を①に代入すると，

$x=-8+1$　$x=-7$

(4)①×6　　　$6x-3y=24$　$\cdots\cdots①'$

②×3　+) $x+3y=-3$　$\cdots\cdots②'$

　　　　　$7x\ \ \ \ =21$

　　　　　　$x=3$

$x=3$ を②′ に代入すると，

$3+3y=-3$　$3y=-6$　$y=-2$

(5)①×3　$6x-(1-y)=-12$

$6x+y=-11$ $\cdots\cdots①'$

①′-②　$x=-3$

$x=-3$ を①′ に代入すると，

$-18+y=-11$　$y=7$

(6)①のかっこをはずして整理すると，

$4x+7y=5$ $\cdots\cdots①'$

②×30　$6x+5y=-9$ $\cdots\cdots②'$

①′×3　　　$12x+21y=15$

②′×2　-) $12x+10y=-18$

　　　　　　　$11y=33$

　　　　　　　　$y=3$

$y=3$ を①′ に代入すると，

$4x+21=5$　$4x=-16$　$x=-4$

(7)①のかっこをはずして整理すると，

$2x-3y=-1$ $\cdots\cdots①'$

②×12　$3(x-5)-2(2y-1)=-12$

$3x-4y=1$ $\cdots\cdots②'$

①′×3　　　$6x-9y=-3$

②′×2　-) $6x-8y=2$

　　　　　　　$-y=-5$

　　　　　　　　$y=5$

$y=5$ を①′ に代入すると，

$2x-15=-1$　$2x=14$　$x=7$

(8)①×6　$2(x+y)-3(x-y)=2$

$-x+5y=2$ $\cdots\cdots①'$

②のかっこをはずして整理すると，

$7x+y=22$ $\cdots\cdots②'$

①′×7　　　$-7x+35y=14$

②′　　+) $7x+\ \ y=22$

　　　　　　$36y=36$

　　　　　　　$y=1$

$y=1$ を①′ に代入すると，

$-x+5=2$　$-x=-3$　$x=3$

Check Point

連立方程式にかっこがあればかっこをはずし，分数があれば整数になおしてから解く。

5 (1)連立方程式を変形すると，

$$\begin{cases} 4x+3y=5 \\ 3x+y=5 \end{cases}$$

これを解くと，$x=2$, $y=-1$

(2)連立方程式を変形すると，

$$\begin{cases} x-y+1=-2y \\ 3x+7=-2y \end{cases} \rightarrow \begin{cases} x+y=-1 \\ 3x+2y=-7 \end{cases}$$

これを解くと，$x=-5$, $y=4$

Check Point

$A=B=C$ の形の連立方程式は，解きやすい組み合わせを選んで式をつくろう。

6 (1)連立方程式に $x=2$, $y=1$ を代入すると，

$$\begin{cases} 2a+b=10 \\ 2b-a=5 \end{cases}$$

これを解くと，$a=3$, $b=4$

(2) $\begin{cases} -x+2y=-2 \\ 2x-3y=6 \end{cases}$ を解くと，

$x=6$, $y=2$

$\begin{cases} ax+by=5 \\ ax-by=-1 \end{cases}$ に $x=6$, $y=2$ を代入すると，

$$\begin{cases} 6a+2b=5 \\ 6a-2b=-1 \end{cases}$$

これを解くと，$a=\dfrac{1}{3}$, $b=\dfrac{3}{2}$

Check Point

2つの連立方程式が同じ解をもつということは，どの式を組み合わせても同じ解になる。

第**4**日　連立方程式の利用 ①

例題の解法 p.16〜17

例題1 ①15　②−15　③5　④10

例題2 ①1300　②700　③100
　　　④250

例題3 ①$2y$　②36　③−4　④4
　　　⑤8　⑥84

例題4 ①1.2　②3800　③800
　　　④200

入試実戦テスト p.18〜19

1 $\begin{cases} 10x+6y=1710 \\ 6x+10y=1890 \end{cases}$

答 みかん…90 円，桃(もも)…135 円

2 $x=33$, $y=12$

3 686

4 先月のスチール缶の回収量を x kg，アルミ缶の回収量を y kg とすると，

$$\begin{cases} x+y=40 & \cdots\cdots① \\ 0.9x+1.1y=42 & \cdots\cdots② \end{cases}$$

②×10−①×9 より，$2y=60$

$y=30$

$y=30$ を①に代入して，$x=10$

答 スチール缶…10 kg
　　アルミ缶…30 kg

5 1，2 年生の実行委員の生徒数を x 人，3 年生の実行委員の生徒数を y 人とすると，

$$\begin{cases} x+y=28 & \cdots\cdots① \\ 5y-3x=4 & \cdots\cdots② \end{cases}$$

①より，$x=28-y$ $\cdots\cdots①'$

①′ を②に代入すると，

$5y-3(28-y)=4$

7

これを解いて，$y=11$

$y=11$ を①′ に代入して，$x=17$

よって，

赤い花は，$3×17=51$（個）

白い花は，$5×11=55$（個）

6 ボールペン 1 本の値段を x 円，ノート 1 冊の値段を y 円とすると，

$$\begin{cases} 120y=60x+12600 & \cdots\cdots① \\ 60x×1.4+120y×0.75 \\ =(60x+120y)×0.9 & \cdots\cdots② \end{cases}$$

①より，$-x+2y=210$ $\cdots\cdots$①′

②より，$84x+90y=54x+108y$

$5x-3y=0$ $\cdots\cdots$②′

①′×5+②′ より，$7y=1050$

$y=150$

$y=150$ を①′ に代入して，

$x=90$

答 ボールペン…90 円

ノート…150 円

7 $$\begin{cases} x+y=365 & \cdots\cdots① \\ 4.5x+4y+100=1700 & \cdots\cdots② \end{cases}$$

②より，$9x+8y=3200$ $\cdots\cdots$②′

②′−①×8 より，$x=280$

$x=280$ を①に代入して，$y=85$

よって，合計金額は，

$10×280+50×85=7050$（円）

答 7050 円

8 $$\begin{cases} x-y=200 \\ \dfrac{5}{8}x-\dfrac{3}{5}y=200 \end{cases}$$

答 兄…3200 円，弟…2000 円

解説

1 連立方程式の上の式を①，下の式を②とする。

①×5−②×3 より，$32x=2880$　$x=90$

$x=90$ を①に代入して，$y=135$

2 $$\begin{cases} x-3=2(y+3) & \cdots\cdots① \\ x+2=y-2+25 & \cdots\cdots② \end{cases}$$

①より，$x-2y=9$ $\cdots\cdots$①′

②より，$x-y=21$ $\cdots\cdots$②′

①′−②′ より，$-y=-12$　$y=12$

$y=12$ を②′ に代入して，$x=33$

3 もとの自然数の百の位の数と一の位の数を x，十の位の数を y とすると，

$$\begin{cases} x+y+x=20 & \cdots\cdots① \\ 100y+10x+x=100x+10y+x+180 \\ & \cdots\cdots② \end{cases}$$

①より，$2x+y=20$ $\cdots\cdots$①′

②より，$-x+y=2$ $\cdots\cdots$②′

①′−②′ より，$3x=18$　$x=6$

$x=6$ を②′ に代入して，$y=8$

よって，もとの自然数は 686

> **Check Point**
>
> 3 けたの自然数は，百の位の数を a，十の位の数を b，一の位の数を c とすると，$100a+10b+c$ と表される。

4 ②の式は，次のように，先月と今月の回収量の差を表す式にしてもよい。

$-0.1x+0.1y=42-40$

5 別解 赤い花の個数を x 個，白い花の個数を y 個とすると，

$$\begin{cases} \dfrac{x}{3}+\dfrac{y}{5}=28 & \cdots\cdots① \\ y=x+4 & \cdots\cdots② \end{cases}$$

①より，$5x+3y=420$ $\cdots\cdots$①′

②を①′ に代入すると，

$5x+3(x+4)=420$

これを解いて，$x=51$

$x=51$ を②に代入して，

$y=55$

よって，赤い花は 51 個，白い花は 55 個。

6 今月のボールペンの売り上げ金額は，

$60x×(1+0.4)=60x×1.4=84x$(円)

今月のノートの売り上げ金額は，

$120y×(1-0.25)=120y×0.75=90y$(円)

7 x，y を求めた後，合計金額を求める。

8 弟のはじめの小遣いの金額は兄の

$\dfrac{5}{8}$ なので $\dfrac{5}{8}x$ 円，支払った金額は兄の

$\dfrac{3}{5}$ なので $\dfrac{3}{5}y$ 円と表すことができる。

連立方程式の上の式を①，下の式を②とする。

②より，$25x-24y=8000$ ……②′

②′−①×24 より，$x=3200$

よって，兄のはじめの小遣いは 3200 円，

弟のはじめの小遣いは，

$3200×\dfrac{5}{8}=2000$(円)

第5日 連立方程式の利用 ②

例題の解法 p.20～21

例題1 ①3 ②36 ③9 ④6

例題2 ①$\dfrac{y}{2}$ ②18 ③$3y$ ④-48
　　　⑤6 ⑥18 ⑦4 ⑧10

例題3 ①$\dfrac{3}{100}$ ②2400 ③-1200
　　　④240 ⑤160

入試実戦テスト p.22～23

1 (1)A さん…毎分 280 m で走った
　　　道のり (m)

　　　B さん…毎分 280 m で走った
　　　時間(分)

　(2)①70 ②$x+y=70$
　　　速さを変えた時刻…午前 10
　　　時 50 分

---

2 上りの道のり…6 km
　　下りの道のり…8 km

3 太一さんの家から図書館までの道のりを x km，真二さんの家から図書館までの道のりを y km とすると，

$$\begin{cases} x+y=2 & \cdots\cdots① \\ \dfrac{x}{12}-\dfrac{y}{4}=\dfrac{5}{60} & \cdots\cdots② \end{cases}$$

②×12 より，$x-3y=1$ ……②′

①−②′ より，$4y=1$　$y=\dfrac{1}{4}$

$y=\dfrac{1}{4}$ を①に代入して，$x=\dfrac{7}{4}$

答 太一さんの家から図書館まで
　の道のり…$\dfrac{7}{4}$ km

　真二さんの家から図書館まで
　の道のり…$\dfrac{1}{4}$ km

4 (1)① $\begin{cases} x+y=2800 \\ \dfrac{x}{80}+\dfrac{y}{200}=23 \end{cases}$

　　　② $\begin{cases} x+y=23 \\ 80x+200y=2800 \end{cases}$

　(2)歩いた道のり…1200 m
　　走った道のり…1600 m

5 歩いた道のり…0.6 km
　　走った道のり…1.4 km

6 $\begin{cases} 550+x=30y \\ 650-x=20y \end{cases}$

　答 列車の長さ…170 m
　　列車の速さ…毎秒 24 m

7 (1)$x=72$
　(2)$x=30$，$y=150$

解説

1 (1) A さんの方程式では x と y の和が全体の道のりになっていて，x を分速の 280 m でわっていることから，x は毎分 280 m で走った道のり(m)を表している。

B さんの方程式では，$280x$ と $320y$ の和が全体の道のりになっているから，x は毎分 280 m で走った時間(分)を表している。

(2) ① は，かかった時間を表しており，速さは分速なので，単位は分となる。9 時 50 分から 11 時までだから，70 分になる。

② は，かかった時間の関係を表す式をつくる。

B さんの連立方程式を解いて，
$x=60$

よって，速さを変えた時刻は，午前 9 時 50 分から 60 分後だから，午前 10 時 50 分になる。

2 上りの道のりを x km，下りの道のりを y km とすると，

$$\begin{cases} x+y=14 & \cdots\cdots ① \\ \dfrac{x}{2}+\dfrac{y}{4}+1=6 & \cdots\cdots ② \end{cases}$$

②×4 より，$2x+y=20$ $\cdots\cdots$②′
②′−① より，$x=6$
$x=6$ を①に代入して，$y=8$

3 次のように，1 次方程式を利用して解くこともできる。

太一さんの家から図書館までの道のりを x km とすると，真二さんの家から図書館までの道のりは $(2-x)$ km だから，

$$\dfrac{x}{12}-\dfrac{2-x}{4}=\dfrac{5}{60}$$

これを解いて，$x=\dfrac{7}{4}$

また，$2-x=2-\dfrac{7}{4}=\dfrac{1}{4}$

4 (2)②でつくった連立方程式のほうが解き方が楽になるので，上の式を⑦，下の式を④とすると，

④÷40 より，$2x+5y=70$ $\cdots\cdots$④′
④′−⑦×2 より，$3y=24$ $y=8$
$y=8$ を⑦に代入して，$x=15$
よって，歩いた道のりは，
$80\times15=1200$(m)
走った道のりは，
$200\times8=1600$(m)

5 歩いた道のりを x km，走った道のりを y km とすると，

$$\begin{cases} x+y=2 & \cdots\cdots ① \\ \dfrac{x}{3}+\dfrac{y}{12}=\dfrac{19}{60} & \cdots\cdots ② \end{cases}$$

②×60 より，$20x+5y=19$ $\cdots\cdots$②′
②′−①×5 より，$15x=9$ $x=0.6$
$x=0.6$ を①に代入して，$y=1.4$

> **ミス注意!** 速さが時速なので，分は時間になおして単位を合わせること。
>
> $$19 \text{分} = \dfrac{19}{60} \text{時間}$$

6
$$\begin{cases} 550+x=30y & \cdots\cdots ① \\ 650-x=20y & \cdots\cdots ② \end{cases}$$

①+② より，$1200=50y$ $y=24$
$y=24$ を①に代入して，$x=170$

Check Point

列車が進んだ長さは次のようになる。

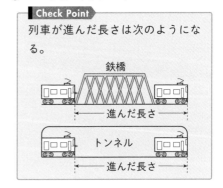

鉄橋

進んだ長さ

トンネル

進んだ長さ

7 (1) $\begin{cases} \dfrac{5}{100}x + \dfrac{10}{100}y = 120 \times \dfrac{7}{100} & \cdots\cdots① \\ x+y=120 & \cdots\cdots② \end{cases}$

①の両辺に 20 をかけると，

$x+2y=168 \quad \cdots\cdots①'$

①′－② より，$y=48$

$y=48$ を②に代入すると，$x=72$

(2) $\begin{cases} 120+x=y & \cdots\cdots① \\ x=y \times \dfrac{20}{100} & \cdots\cdots② \end{cases}$

②より，$y=5x \quad \cdots\cdots②'$

②′ を①に代入すると，

$120+x=5x \quad x=30$

$x=30$ を②′ に代入すると，$y=150$

Check Point

（食塩の重さ）

$=$（食塩水の重さ）$\times \dfrac{（濃度〔\%〕）}{100}$

第6日 **2次方程式**

例題の解法 p.24〜25

例題1 ①6 ②$\pm\sqrt{2}$ ③5 ④3

例題2 ①-7 ②2 ③32 ④17
　　　 ⑤-1 ⑥1 ⑦4 ⑧2

例題3 ①6 ②-2 ③6 ④12
　　　 ⑤6 ⑥1 ⑦1 ⑧6

例題4 ①2 ②$2a$ ③2 ④$2x$
　　　 ⑤2 ⑥-4

入試実戦テスト p.26〜27

1 (1)$x=9,\ x=3$

(2) $x=-1\pm\sqrt{7}$

(3) $x=-7\pm\sqrt{5}$

(4)$x=9,\ x=-5$

2 (1)$x=3$ (2)$x=-5,\ x=2$

(3)$x=\dfrac{-9\pm\sqrt{21}}{6}$

(4)$x=\dfrac{1\pm\sqrt{5}}{2}$

(5)$x=\dfrac{5\pm\sqrt{17}}{4}$

(6)$x=-2,\ x=1$

3 (1)$x=1,\ x=-5$

(2)$x=\dfrac{3\pm\sqrt{7}}{2}$

(3)$x=\dfrac{-3\pm\sqrt{17}}{4}$

(4)$x=8,\ x=-4$

(5)$x=-7,\ x=2$

(6)$x=5,\ x=-2$

4 (1)$a=6$ (2)$x=-3$

5 (1)$x=3,\ x=-2$

(2)$x=\dfrac{-3\pm\sqrt{33}}{2}$

(3)$x=5,\ x=-3$

(4)$x=-3,\ x=-1$

(5)$x=\dfrac{1\pm\sqrt{37}}{2}$ (6)$x=\dfrac{1\pm\sqrt{10}}{3}$

6 (1)$x=4,\ x=10$

(2)$x=-7,\ x=2$

(3)$x=-2\pm\sqrt{2}$

(4)$x=4,\ x=-1$

(5)$x=-2,\ x=\dfrac{7}{5}$

(6)$x=3\pm\sqrt{7}$

7 (1)$a=1,\ $もう1つの解$\cdots x=-3$

(2)$a=-8,\ b=16$

(3)$a=7,\ 2,\ -2,\ -7$

解説

1 (1)$x-6=\pm3 \quad x=6\pm3$

$x=6+3=9,\ x=6-3=3$

(2)$(x+1)^2=7 \quad x+1=\pm\sqrt{7}$

11

$x=-1\pm\sqrt{7}$

(3) $(x+7)^2=5$ $x+7=\pm\sqrt{5}$
$x=-7\pm\sqrt{5}$

(4) $3(x-2)^2=94+53$ $3(x-2)^2=147$
$(x-2)^2=49$ $x-2=\pm7$ $x=2\pm7$
$x=2+7=9$, $x=2-7=-5$

ミス注意！ $(x+m)^2=n$ の形に変形できる2次方程式は，**平方根の考え**を使って解こう。

2 (1) $(x-3)^2=0$ $x=3$

(2) $(x+5)(x-2)=0$ $x=-5$, $x=2$

(3) $x=\dfrac{-9\pm\sqrt{9^2-4\times3\times5}}{2\times3}$
$=\dfrac{-9\pm\sqrt{81-60}}{6}=\dfrac{-9\pm\sqrt{21}}{6}$

(4) $x=\dfrac{-(-1)\pm\sqrt{(-1)^2-4\times1\times(-1)}}{2\times1}$
$=\dfrac{1\pm\sqrt{1+4}}{2}=\dfrac{1\pm\sqrt{5}}{2}$

(5) $x=\dfrac{-(-5)\pm\sqrt{(-5)^2-4\times2\times1}}{2\times2}$
$=\dfrac{5\pm\sqrt{25-8}}{4}=\dfrac{5\pm\sqrt{17}}{4}$

(6) $x^2-8x+16-9x^2=0$
$-8x^2-8x+16=0$ $x^2+x-2=0$
$(x+2)(x-1)=0$ $x=-2$, $x=1$
別解 $(x-4)^2-(3x)^2=0$
$\{(x-4)+3x\}\{(x-4)-3x\}=0$
$(4x-4)(-2x-4)=0$ $x=1$, $x=-2$

Check Point

(2次式)$=0$ の形の2次方程式は，左辺が**因数分解**できるときは因数分解して解き，因数分解できないときは**解の公式**を使って解く。

3 (1) $x^2+4x-5=0$ $(x-1)(x+5)=0$
$x=1$, $x=-5$

(2) $2x^2-6x+1=0$
$x=\dfrac{6\pm\sqrt{36-8}}{4}=\dfrac{6\pm\sqrt{28}}{4}=\dfrac{6\pm2\sqrt{7}}{4}$

$=\dfrac{3\pm\sqrt{7}}{2}$

(3) $2x^2+3x-1=0$
$x=\dfrac{-3\pm\sqrt{9+8}}{4}=\dfrac{-3\pm\sqrt{17}}{4}$

(4) $x^2-4x=32$ $x^2-4x-32=0$
$(x-8)(x+4)=0$ $x=8$, $x=-4$

(5) $x^2+6x=x+14$ $x^2+5x-14=0$
$(x+7)(x-2)=0$ $x=-7$, $x=2$

(6) $x(x+2)-5(x+2)=0$
$(x-5)(x+2)=0$ $x=5$, $x=-2$

Check Point

右辺が0でない2次方程式は，式を整理して，**(2次式)$=0$** の形にしてから解く。

4 (1) 2次方程式に $x=2$ を代入すると，
$2\times(2+1)=a$ $a=6$

(2) $x(x+1)=6$ $x^2+x-6=0$
$(x+3)(x-2)=0$ $x=-3$, $x=2$

5 (1) $x^2-x-2=4$ $x^2-x-6=0$
$(x-3)(x+2)=0$ $x=3$, $x=-2$

(2) $x^2+x-6=-2x$ $x^2+3x-6=0$
$x=\dfrac{-3\pm\sqrt{9+24}}{2}=\dfrac{-3\pm\sqrt{33}}{2}$

(3) $x^2-x-6=x+9$ $x^2-2x-15=0$
$(x-5)(x+3)=0$ $x=5$, $x=-3$

(4) $2x^2+7=x^2-4x+4$ $x^2+4x+3=0$
$(x+3)(x+1)=0$ $x=-3$, $x=-1$

(5) $x^2-9=x$ $x^2-x-9=0$
$x=\dfrac{1\pm\sqrt{1+36}}{2}=\dfrac{1\pm\sqrt{37}}{2}$

(6) $3x^2-10x-8=-8x-5$
$3x^2-2x-3=0$
$x=\dfrac{2\pm\sqrt{4+36}}{6}=\dfrac{2\pm\sqrt{40}}{6}$
$=\dfrac{2\pm2\sqrt{10}}{6}=\dfrac{1\pm\sqrt{10}}{3}$

6 (1) $x^2-6x-7-8x+56=9$
$x^2-14x+40=0$ $(x-4)(x-10)=0$
$x=4$, $x=10$

(2) $2(x^2-4)-3x+10=x^2-8x+16$

$\quad 2x^2-8-3x+10=x^2-8x+16$

$\quad x^2+5x-14=0 \quad (x+7)(x-2)=0$

$\quad x=-7, \ x=2$

(3) $x^2+2x+1+2x+2-1=0$

$\quad x^2+4x+2=0$

$\quad x=\dfrac{-4\pm\sqrt{16-8}}{2}=\dfrac{-4\pm\sqrt{8}}{2}$

$\quad =\dfrac{-4\pm2\sqrt{2}}{2}=-2\pm\sqrt{2}$

(4) $2(x^2-4x+4)-(x^2-5x+4)=8$

$\quad 2x^2-8x+8-x^2+5x-4=8$

$\quad x^2-3x-4=0 \quad (x-4)(x+1)=0$

$\quad x=4, \ x=-1$

(5) $x^2-x-6=6x^2-10x+12x-20$

$\quad 5x^2+3x-14=0$

$\quad x=\dfrac{-3\pm\sqrt{9+280}}{10}=\dfrac{-3\pm17}{10}$

$\quad x=-2, \ x=\dfrac{7}{5}$

別解 $5x^2+3x-14=0$ の左辺を因数
分解すると，$(x+2)(5x-7)=0$

$\quad x=-2, \ x=\dfrac{7}{5}$

(6) $4x^2+12x+9+x^2-2x+1$

$\quad =x^2-8x+16+9x^2-12x+4$

$\quad 5x^2+10x+10=10x^2-20x+20$

$\quad -5x^2+30x-10=0$

両辺を -5 でわると，$x^2-6x+2=0$

$\quad x=\dfrac{6\pm\sqrt{36-8}}{2}=\dfrac{6\pm\sqrt{28}}{2}$

$\quad =\dfrac{6\pm2\sqrt{7}}{2}=3\pm\sqrt{7}$

7 (1) 2次方程式に $x=0$ を代入して整
理すると，$-a^2+2a-1=0$

$\quad a^2-2a+1=0 \quad (a-1)^2=0 \quad a=1$

2次方程式に $a=1$ を代入して整理す
ると，$x^2+3x=0$

$\quad x(x+3)=0 \quad x=0, \ x=-3$

(2) 解が $x=4$ の 1 つだけになるのは

$\quad x^2+ax+b=(x-4)^2$ のときである。

$(x-4)^2=x^2-8x+16$

x^2+ax+b とそれぞれの項を対応させ
て，$a=-8, \ b=16$

(3) 積が -8 になる整数の組み合わせは，

$\quad (-1 と 8)，(-2 と 4)，(-4 と 2)，$

$\quad (-8 と 1)$ だから，$a=-1+8=7$，

$\quad a=-2+4=2，a=-4+2=-2，$

$\quad a=-8+1=-7$

例題の解法 p.28〜29

例題1 ① $x+7$ ② 60 ③ $7x$

　　　　④ 5 ⑤ -12 ⑥ -5 ⑦ 12

例題2 ① $x+1$ ② x^2 ③ $6x$

　　　　④ 6 ⑤ 0 ⑥ 6 ⑦ 5 ⑧ 7

例題3 ① 3 ② 30 ③ 5 ④ -6

　　　　⑤ 5

例題4 ① BQ ② $2x$ ③ 8 ④ 4

　　　　⑤ 2 ⑥ 6

入試実戦テスト p.30〜31

1 $x^2=2(x+6)+3$ 　　　　　**答** 5，11

2 2，-2

3 $(x+7)(x-1)+15=16x-13$

式を整理すると，

$\quad x^2-10x+21=0$

$\quad (x-3)(x-7)=0 \quad x=3, \ x=7$

$\quad x=7$ は左どなりの数がないが，

$\quad x=3$ は問題に合う。　　　**答** 3

4 8，9

5 9

6 12

7 9

8 5 cm

13

9 テープがはられていない部分の面積の和は，

$(20-4x)(10-2x)$ cm² と表せるから，

$(20-4x)(10-2x)=20\times10\times\dfrac{36}{100}$

$8x^2-80x+200=72$

$x^2-10x+16=0$

$(x-2)(x-8)=0$　$x=2,\ 8$

$0<x<5$ より，$x=2$

答 $x=2$

10 (1)11 秒後　(2)3 秒後，4 秒後

解説

1　$x^2=2(x+6)+3$

式を整理すると，$x^2-2x-15=0$

$(x+3)(x-5)=0$　$x=-3,\ 5$

x は自然数だから，$x=5$

大きい数は，$5+6=11$

2　$(x+2)^2=4x+8$

式を整理すると，$x^2+4x+4=4x+8$

$x^2=4$　$x=\pm2$

3　1 週間は 7 日あるから，x の真下の数は $x+7$ である。x の左どなりの数は $x-1$ である。

ミス注意！　$x=7$ は，このカレンダーでは左どなりの数がないので，不適当になる。

4　小さいほうの自然数を x とすると，大きいほうの自然数は $x+1$ と表されるから，

$x(x+1)=x+(x+1)+55$

$x^2-x-56=0$　$(x+7)(x-8)=0$

$x=-7,\ x=8$

x は自然数だから，$x=8$

大きいほうの自然数は，$8+1=9$

5　求める数を x とすると，

$(x-1)(x+1)=9x-1$

式を整理すると，$x^2-9x=0$

$x(x-9)=0$　$x=0,\ x=9$

$2\leqq x\leqq30$ の整数だから，$x=9$

6　連続する 3 つの正の偶数を小さい順に $x-2,\ x,\ x+2$(ただし，x は 2 より大きい偶数)とすると，

$\{(x-2)+x+(x+2)\}^2$
$-\{(x-2)^2+x^2+(x+2)^2\}=592$

$9x^2-(3x^2+8)=592$

$6x^2=600$　$x^2=100$

x は 2 より大きい偶数だから，$x=10$

よって，もっとも大きい数は，

$10+2=12$

ミス注意！　証明問題では，連続する偶数を $2n,\ 2n+2,\ \cdots\cdots(n$ は整数$)$ のように表すが，$x-2,\ x,\ x+2$ として方程式をつくってもよい。ただし，解が偶数であるか確かめること。奇数の場合も同様である。

7　$x^2=6(x+3)+9$

式を整理すると，$x^2-6x-27=0$

$(x-9)(x+3)=0$　$x=9,\ x=-3$

x は正の整数で，$9+3=12>9$ だから，

$x=9$

Check Point

わり算の問題は，

(わられる数)＝

(わる数)×(商)＋(余り)

(わる数)＞(余り)

の式を利用して，方程式をつくる。

8　もとの正方形の 1 辺の長さを x cm とすると，

$(x+5)(x+10)=6x^2$

式を整理すると，$x^2-3x-10=0$

$(x+2)(x-5)=0$　$x=-2,\ x=5$

$x>0$ だから，$x=5$

9 テープがはられ
ている部分を長方
形の端に移すと，
右の図のようにな
り，⑦の部分の面
積が長方形 ABCD
の面積の 36% であ
る。

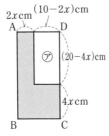

$2x$cm　$(10-2x)$cm
A　　　　D
　　⑦　　$(20-4x)$cm
　　　　　$4x$cm
B　　　　C

10 (1)点 P が辺 AD 上にあるとき，P の
動いた長さは，AB+BC+CD+DP
だから，
$10+20+10+(20-5)=55$(cm)
点 P の速さは毎秒 5 cm だから，
$55÷5=11$(秒後)

(2)x 秒後に △QBP の面積が 10cm^2 に
なるとする。
点 P が辺 BC 上にあるのは，$2≦x≦6$
点 Q が AB 上にあるのは，$0≦x≦5$
よって，$2≦x≦5$ ……①
$BP=(5x-10)$cm，$QB=(10-2x)$cm
だから，$\frac{1}{2}(5x-10)(10-2x)=10$
式を整理すると，$x^2-7x+12=0$
$(x-3)(x-4)=0$　$x=3$，$x=4$
どちらの解も①の条件にあてはまるの
で，問題に合っている。

第**8**日　確　率 ①

例題の解法 p.32〜33

例題 1　①6　②3　③3　④4
　　　　⑤4　⑥4

例題 2　①36　②4　③5　④5
　　　　⑤5　⑥5　⑦10　⑧10

例題 3　①樹形図　②4　③1
　　　　④$\frac{1}{4}$　⑤2　⑥$\frac{1}{2}$　⑦3

---

⑧$\frac{3}{4}$　⑨裏　⑩$\frac{1}{4}$　⑪$\frac{3}{4}$

入試実戦テスト p.34〜35

1 (1)$\frac{2}{5}$　(2)$\frac{3}{5}$

2 (1)$\frac{2}{5}$　(2)$\frac{1}{5}$

3 (1)$\frac{1}{9}$　(2)$\frac{1}{4}$　(3)$\frac{11}{36}$

4 $\frac{5}{16}$

5 (1)$\frac{2}{9}$　(2)$\frac{5}{6}$

6 $\frac{5}{36}$

7 $\frac{5}{9}$

解　説

1 (1)赤玉を①，②，③，白玉を④，⑤
として，玉の取り出し方を樹形図に表
すと，次の図のようになる。

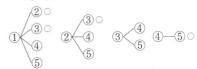

これより，玉の取り出し方は，全部で，
$4+3+2+1=10$(通り)
このうち，2個とも同じ色であるのは，
○をつけた 4 通りであるから，求める
確率は，$\frac{4}{10}=\frac{2}{5}$

(2)玉の取り出し方は，全部で，
$5+4+3+2+1=15$(通り)
このうち，1個が赤玉，1個が白玉で
ある取り出し方は，赤玉 1 個につき白
玉の取り出し方はそれぞれ 3 通りある
から，$3×3=9$(通り)

よって，求める確率は，$\dfrac{9}{15}=\dfrac{3}{5}$

Check Point
起こりうるすべての場合の数は，**樹形図**をかくと，落ちや重なりなく求めることができる。

2 ボールの取り出し方を樹形図に表すと，次の図のようになる。

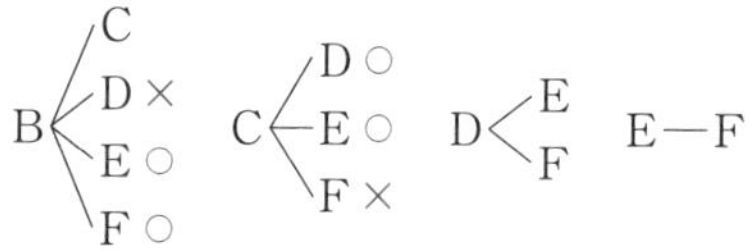

$$B\begin{cases}C\\D\times\\E\ \bigcirc\\F\ \bigcirc\end{cases}\quad C\begin{cases}D\ \bigcirc\\E\ \bigcirc\\F\times\end{cases}\quad D\begin{cases}E\\F\end{cases}\quad E-F$$

これより，ボールの取り出し方は，全部で，
$4+3+2+1=10$（通り）

(1)直角三角形になる場合は，上の図で，○をつけた 4 通りだから，求める確率は，$\dfrac{4}{10}=\dfrac{2}{5}$

(2)三角形にならない場合は，上の図で，×をつけた 2 通りだから，求める確率は，$\dfrac{2}{10}=\dfrac{1}{5}$

3 2 つのさいころの目の出方は，全部で，$6\times6=36$（通り）

(1)出る目の数の和が 5 になるのは，（大，小）＝(1, 4), (2, 3), (3, 2), (4, 1) の 4 通りあるから，求める確率は，$\dfrac{4}{36}=\dfrac{1}{9}$

(2)出る目の数の積が奇数になるのは，2 つとも奇数の目が出るときだから，（大，小）＝(1, 1), (1, 3), (1, 5), (3, 1), (3, 3), (3, 5), (5, 1), (5, 3), (5, 5) の 9 通りある。

よって，求める確率は，$\dfrac{9}{36}=\dfrac{1}{4}$

(3)2 つとも 2 以外の目が出るのは，大小それぞれ $6-1=5$（通り）ずつの出方があるから，全部で，$5\times5=25$（通り）
求める確率は，$1-$（2 以外の目が出る確率）と同じだから，$1-\dfrac{25}{36}=\dfrac{11}{36}$

4 硬貨の表と裏の出方は，全部で，$2\times2\times2\times2=16$（通り）
4 枚の硬貨を A, B, C, D とすると，表が 3 枚出る場合は，
(A, B, C, D)＝(表, 表, 表, 裏), (表, 表, 裏, 表), (表, 裏, 表, 表), (裏, 表, 表, 表) の 4 通り。
表が 4 枚出る場合は，1 通り。

よって，求める確率は，$\dfrac{4+1}{16}=\dfrac{5}{16}$

別解 「表が 3 枚出る」ということは「裏が 1 枚出る」ということと同じである。
裏が 1 枚出る場合は，4 通り。
表が 4 枚出る場合は，1 通り。

よって，$\dfrac{4+1}{16}=\dfrac{5}{16}$

5 (1)2 個のさいころの目の出方は，全部で，$6\times6=36$（通り）
$\sqrt{ab}$ が整数になるのは，$(a, b)=$(1, 1), (1, 4), (2, 2), (3, 3), (4, 1), (4, 4), (5, 5), (6, 6) の 8 通りあるから，求める確率は，$\dfrac{8}{36}=\dfrac{2}{9}$

(2)2 つのさいころの目の出方は，全部で，$6\times6=36$（通り）
$(a-b)^2\leqq10$ となる確率は，
$1-\{(a-b)^2>10$ となる確率$\}$ と同じになる。$(a-b)^2>10$ より，
$a-b=\pm4, \pm5$ だから，

16

$a-b=\pm 4$ は,

$(a, b)=(1, 5), (2, 6), (5, 1), (6, 2)$

$a-b=\pm 5$ は, $(a, b)=(1, 6), (6, 1)$

これより, 全部で, $4+2=6$(通り)

よって, 求める確率は,

$$1-\frac{6}{36}=1-\frac{1}{6}=\frac{5}{6}$$

6 2つのさいころの目の出方は, 全部で,

$6 \times 6=36$(通り)

8の倍数になるのは,

$(大, 小)=(1, 6) \to 16, (2, 4) \to 24,$

$(3, 2) \to 32, (5, 6) \to 56, (6, 4) \to 64$

の5通りあるから, 求める確率は, $\frac{5}{36}$

7 2つのさいころの目の出方は, 全部で,

$6 \times 6=36$(通り)

絶対値が2以下の範囲に点Pが止まる
のは, 次の場合である。

・$2+a-b=2$ のとき

 $(a, b)=(1, 1), (2, 2), \cdots, (6, 6)$

 の6通り。

・$2+a-b=1$ のとき

 $(a, b)=(1, 2), (2, 3), \cdots, (5, 6)$

 の5通り。

・$2+a-b=0$ のとき

 $(a, b)=(1, 3), (2, 4), (3, 5), (4, 6)$

 の4通り。

・$2+a-b=-1$ のとき

 $(a, b)=(1, 4), (2, 5), (3, 6)$ の3
 通り。

・$2+a-b=-2$ のとき

 $(a, b)=(1, 5), (2, 6)$ の2通り。

これらを合わせると,

$6+5+4+3+2=20$(通り)

よって, 求める確率は, $\frac{20}{36}=\frac{5}{9}$

第**9**日 **確 率 ②**

例題の解法 p.36~37

例題1 ①樹形図 ②20 ③6

 ④$\frac{3}{10}$ ⑤2 ⑥$\frac{1}{10}$

例題2 ①3 ②樹形図 ③18

 ④8 ⑤$\frac{4}{9}$

例題3 ①樹形図 ②6 ③1

 ④$\frac{1}{6}$

入試実戦テスト p.38~39

1 (1)$\frac{9}{16}$ (2)$\frac{1}{3}$

2 $\frac{1}{3}$

3 (1)$\frac{1}{12}$ (2)$\frac{7}{18}$

4 $\frac{3}{10}$

5 (1)$\frac{2}{5}$ (2)$\frac{12}{25}$

6 (1)$\frac{2}{5}$ (2)$\frac{3}{8}$

解 説

1 (1)2人のくじの引き方は, 全部で,

 $4 \times 4=16$(通り)

 AさんもBさんも当たりくじを引く
 場合は, $3 \times 3=9$(通り)

 よって, 求める確率は, $\frac{9}{16}$

(2)当たりくじを①, ②, はずれくじを3
 として, 2人のくじの引き方を樹形図
 に表すと, 次の図のようになる。

A　B　A　B　A　B

これより，2人のくじの引き方は，
全部で，3×2=6（通り）

2人とも当たりくじを引く場合は2通
りだから，求める確率は，$\dfrac{2}{6}=\dfrac{1}{3}$

2 演奏順を樹形図に表すと，次の図のよ
うになる。

$A<\begin{array}{l}B-C\\C-B\end{array}$　$B<\begin{array}{l}A-C\\C-A\end{array}$　$C<\begin{array}{l}A-B\\B-A\end{array}$

これより，演奏順は全部で，
3×2×1=6（通り）

どの中学校も昨年の演奏順にならない演
奏順は，B—C—A，C—A—Bの2通り
だから，求める確率は，$\dfrac{2}{6}=\dfrac{1}{3}$

3 (1)カードの引き方は，全部で，
6×6=36（通り）

$ab=4$ となるのは，$(a,\ b)=(1,\ 4)$，
$(2,\ 2)$，$(4,\ 1)$ の3通りあるから，求
める確率は，$\dfrac{3}{36}=\dfrac{1}{12}$

(2)$\dfrac{b}{a}$ の値が整数になるのは，$\dfrac{1}{1}$，$\dfrac{2}{1}$，$\dfrac{3}{1}$，

$\dfrac{4}{1}$，$\dfrac{5}{1}$，$\dfrac{6}{1}$，$\dfrac{2}{2}$，$\dfrac{4}{2}$，$\dfrac{6}{2}$，$\dfrac{3}{3}$，$\dfrac{6}{3}$，$\dfrac{4}{4}$，

$\dfrac{5}{5}$，$\dfrac{6}{6}$ の14通りあるから，求める確

率は，$\dfrac{14}{36}=\dfrac{7}{18}$

4 2枚のカードの取り出し方は，全部で，
4+3+2+1=10（通り）

このうち，取り出したカードに書かれて
いる数の和が3の倍数になる場合は，
$(0,\ 3)$，$(1,\ 2)$，$(2,\ 4)$ の3通り。

よって，求める確率は，$\dfrac{3}{10}$

5 (1)ボールの取り出し方は，全部で，
5×5=25（通り）

このうち，$m+n\leqq0$ となる取り出し

方を樹形図に表すと，次の図のように
なる。

$m\ \ n\quad m\ \ n\quad m\ \ n\quad m\ \ n$

これより，$m+n\leqq0$ となる場合は，
計10通りだから，求める確率は，
$\dfrac{10}{25}=\dfrac{2}{5}$

(2)点Pの y 座標は 0 より，
$y=mx+n$ に $y=0$ を代入して整理

すると，$x=-\dfrac{n}{m}$

この値が正の数となるのは，m，n が
異符号の場合である。負の数の2個に
ついて，それぞれ正の数の3通りの取
り出し方があり，取り出す順番が逆の
場合もあるので，全部で，
2×3×2=12（通り）

よって，求める確率は $\dfrac{12}{25}$

6 (1)2人の選び方は全部で，
$(A,\ B)$，$(A,\ C)$，$(A,\ D)$，$(A,\ E)$，
$(B,\ C)$，$(B,\ D)$，$(B,\ E)$，$(C,\ D)$，
$(C,\ E)$，$(D,\ E)$ の10通り。

このうち，Aがふくまれる選び方は4
通りあるから，求める確率は，
$\dfrac{4}{10}=\dfrac{2}{5}$

(2)表と裏の出方は，全部で，
2×2×2×2=16（通り）
表が2枚出る場合は，
$(A,\ B)$，$(A,\ C)$，$(A,\ D)$，$(B,\ C)$，
$(B,\ D)$，$(C,\ D)$
の6通りあるから，求める確率は，
$\dfrac{6}{16}=\dfrac{3}{8}$

第10日 データの活用

例題の解法　p.40〜41

例題1 ①25　②7　③25　④0.32
　　　　⑤8　⑥17　⑦22　⑧0.88

例題2 ①20　②3.35　③4　④3.5
　　　　⑤4

例題3 ①5　②4.5　③2　④2.5
　　　　⑤2　⑥7.5　⑦7.5　⑧5
　　　　⑨7.5　⑩11

例題4 ①64　②8　③8　④1600

入試実戦テスト　p.42〜43

1 (1)12分　(2)7分　(3)0.4
2 (1)0.85　(2)2.1冊
3 平均値…3.4点，中央値…3.5点
4 7通り
5 (1)ウ
　　(2)
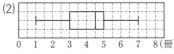
　　　0　1　2　3　4　5　6　7　8(冊)
6 (1)英語　(2)38人
7 およそ230個

解説

1 (1)もっとも多く現れる値は12
　　(2)第1四分位数は7分，第3四分位数
　　　は14分だから，四分位範囲は，
　　　14−7＝7(分)
　　(3)5分以上10分未満の階級の度数は6
　　　人だから，その相対度数は，
　　　6÷15＝0.4

Check Point

$$相対度数＝\frac{各階級の度数}{度数の合計}$$

2 (1)0.15＋0.15＋0.30＋0.25＝0.85
　　(2)度数の合計は，6÷0.15＝40(人)
　　　よって，3冊借りた人は，
　　　40×0.25＝10(人)
　　　4冊借りた人は，
　　　40−(6+6+12+10)＝6(人)
　　　したがって，求める平均値は，
　　　(0×6+1×6+2×12+3×10+4×6)
　　　÷40＝2.1(冊)

3 　1+5+14+x+3＝40　より，$x＝17$
　　よって，平均値は，
　　(1×1+2×5+3×14+4×17+5×3)
　　÷40＝3.4(点)
　　また，中央値は，
　　(3+4)÷2＝3.5(点)

> **ミス注意！**　データの個数が偶数の
> ときの中央値は，データを小さい順
> に並べたときに中央にある2つの値
> の平均値になる。

4 　Aさんは必ず小さい方から5番目か6
　　番目になるので，Bさんも5番目か6
　　番目になれば，中央値は2人の得点の平均
　　値になる。Bさんが5番目か6番目にな
　　るのは，Bさんの得点が，25点以上31
　　点以下のときだから，25，26，27，28，
　　29，30，31点の7通り。

5 (1)平均値は，
　　　(1×1+2×2+3×3+4×4+5×6+6
　　　×3+7×1)÷20＝4.25(冊)
　　　中央値は，(4+5)÷2＝4.5(冊)
　　　最頻値は，5冊
　　(2)データを小さい順に並べたとき，第1
　　　四分位数は5番目と6番目の平均値の
　　　3冊，第3四分位数は15番目と16番
　　　目の平均値の5冊。

6 (1)データは全部で50個だから，四分
　　　位数とデータの個数は次の図のように
　　　なる。

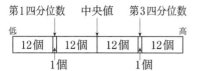

第1四分位数　中央値　第3四分位数

低 | 12個 | 12個 | 12個 | 12個 | 高

1個　　　　　1個

英語のテストは第3四分位数が80点より高いから，12人以上が80点以上であるといえる。

(2)国語の第1四分位数が40点より高いから，低い方から13番目の点数は40点以上である。低い方から12番目の点数は40点未満である可能性もある。よって，40点以上とれた生徒は最低，$50-12=38$（人）

7 不良品がおよそ x 個あるとすると，

$x:10000=7:300$　$300x=70000$

$x=\dfrac{70000}{300}=233.3\cdots$

総仕上げテスト

▶p.44〜47

1 (1) $x=-\dfrac{3}{2}$　(2) $x=3$

(3) $x=2$，$y=-1$

(4) $x=-4$，$y=3$

(5) $x=-3$，$x=8$

(6) $x=\dfrac{-5\pm\sqrt{17}}{4}$

(7) $x=0$，$x=1$

(8) $x=0$，$x=5$

2 (1) $a=2$　(2) $a=6$

3 (1)$(6x-10)$本　(2)13人

4 (1)① $3x+15y=9900$　② $\dfrac{4}{5}x$ 円

③大人…800円

子ども…500円

(2)21人まで

5 (1)最も大きい数… $x+2$

2番目に大きい数… $x+1$

(2) $(x+2)(x+1)=6x+20$

式を整理すると，

$x^2-3x-18=0$

$(x+3)(x-6)=0$

$x=-3$，$x=6$

$x>0$ より，$x=6$

🈺 6，7，8

6 (1) $m=7$，$n=10$

(2)さいころの目の出方は，全部で，$6\times6=36$（通り）

このうち，2次式 x^2+mx+n が $(x+a)(x+b)$ または $(x+c)^2$ の形に因数分解できる場合は，

$(m,\ n)=(2,\ 1)$，$(3,\ 2)$，

$(4,\ 3)$，$(4,\ 4)$，$(5,\ 4)$，

$(5,\ 6)$，$(6,\ 5)$

の7通り。

よって，求める確率は，$\dfrac{7}{36}$

🈺 $\dfrac{7}{36}$

7 (1) $\dfrac{7}{8}$　(2) $\dfrac{11}{32}$　(3) $\dfrac{3}{8}$

8 $\dfrac{3}{8}$

9 同じ数字のカードを区別するために，1 を 1A，1B，2 を 2A，2B とすると，2枚のカードを同時に取り出す取り出し方は，

（1A，1B），（1A，2A），

（1A，2B），（1B，2A），

（1B，2B），（2A，2B）

の6通りある。

このうち，数字が同じになるのは，($\boxed{1A}$，$\boxed{1B}$)，($\boxed{2A}$，$\boxed{2B}$)の2通りあるから，求める確率は，$\dfrac{2}{6}=\dfrac{1}{3}$　　㊐ $\dfrac{1}{3}$

⑩ (1)**177.5 cm** (2)**26.5 cm**
(3)**a…中央値，b…0.2**
(4)**1764 人**

解　説

① (1)$7x-6=3x-12$　$4x=-6$
$x=-\dfrac{3}{2}$

(2)両辺に 12 をかけると，
$4x-12=3x-9$　$x=3$

(3)連立方程式の上の式を①，下の式を②とする。
①×2　　　$10x-12y=32$
②×3　$+)$　$9x+12y=\ 6$
　　　　　$19x\ \ \ \ \ \ =38$
　　　　　　　　$x=2$
$x=2$ を①に代入すると，
$10-6y=16$　$-6y=6$　$y=-1$

(4)連立方程式の上の式を①，下の式を②とする。
①×6 より，$2x+3y=1$ ……①′
②×10 より，$4x+5y=-1$ ……②′
①′×2　　　$4x+6y=2$
②′　　　$-)$　$4x+5y=-1$
　　　　　　　　$y=3$
$y=3$ を①′に代入すると，$x=-4$

(5)$(x+3)(x-8)=0$　$x=-3$，$x=8$

(6)$x=\dfrac{-5\pm\sqrt{5^2-4\times2\times1}}{2\times2}$
$=\dfrac{-5\pm\sqrt{25-8}}{4}=\dfrac{-5\pm\sqrt{17}}{4}$

(7)$x^2-x=0$　$x(x-1)=0$
$x=0$，$x=1$

(8)$x^2-4x+4=x+4$　$x^2-5x=0$
$x(x-5)=0$　$x=0$，$x=5$

② (1)方程式の x に 3 を代入すると，
$3(a-6)+2(2a+3)=a$
$3a-18+4a+6=a$　$6a=12$　$a=2$

(2)$x^2-4x+4=0$ の解は，
$(x-2)^2=0$　$x=2$
$3x^2+ax-24=0$ に $x=2$ を代入すると，$12+2a-24=0$　$2a=12$　$a=6$

③ (1)1 人に 6 本ずつ分けると，$6x$ 本必要であるが，10 本たりないので，鉛筆は $(6x-10)$ 本。

(2)1 人に 4 本ずつ分けると $4x$ 本必要であるが，16 本余ったので，鉛筆の本数は $(4x+16)$ 本。
よって，$6x-10=4x+16$
これを解いて，$x=13$

④ (1)③ $\begin{cases} 3x+15y=9900 & \cdots\cdots㋐ \\ \dfrac{4}{5}x\times4+\dfrac{4}{5}y\times18=9760 & \cdots㋑ \end{cases}$

㋑より，$2x+9y=6100$ ……㋑′
㋐×2　　　$6x+30y=19800$
㋑′×3　$-)$ $6x+27y=18300$
　　　　　　　　$3y=1500$
　　　　　　　　$y=500$
$y=500$ を㋑′に代入して，$x=800$

(2)持っているお金は，$800\times3+500\times16$
$=10400$(円)である。
大人 3 人，子ども a 人が団体割引の適用を受ける場合，その入園料は，
$\left(\dfrac{4}{5}\times800\times3+\dfrac{4}{5}\times500\times a\right)$ 円だから，
$1920+400a=10400$
これを解いて，$a=21.2$
よって，子どもは最大で 21 人まで入園することができる。

⑤ x の範囲について，次のことに注意すること。

> **ミス注意！** 答えを求めるとき，x は自然数だから，$x>0$ であることを忘れないようにする。

6 (1) $a=2$, $b=5$ だから,

$(x+2)(x+5)=x^2+7x+10$

よって, $m=7$, $n=10$

(2) $(x+a)(x+b)$ の形に因数分解できる場合を○, $(x+c)^2$ の形に因数分解できる場合を△とすると, 次の表のようになる。

m＼n	1	2	3	4	5	6
1						
2	△					
3		○				
4			○	△		
5				○		○
6					○	

Check Point

さいころを使った確率の問題は, 表に整理して考えると良い。

7 (1) 目の出方は全部で,

$8×8=64$(通り)

同じ目が出るのは, (大, 小)=(1, 1), (2, 2), (3, 3), (4, 4), (5, 5), (6, 6), (7, 7), (8, 8) の8通りあるから, 異なる目が出る確率は,

$1-\dfrac{8}{64}=\dfrac{7}{8}$

(2) 目の数の和は2以上16以下だから, 3の倍数になる目の数の和は, 3, 6, 9, 12, 15 となる。

和が3のときは, (大, 小)=(1, 2), (2, 1) の2通り。

同様に考えていくと,

和が6のときは, 5通り。

和が9のときは, 8通り。

和が12のときは, 5通り。

和が15のときは, 2通り。

よって, 全部で, $2+5+8+5+2=22$ (通り)あるから, 求める確率は,

$\dfrac{22}{64}=\dfrac{11}{32}$

(3) 24の約数になる目の数の積は, 1, 2, 3, 4, 6, 8, 12, 24 となる。

積が1のときは, (大, 小)=(1, 1) の1通り。

積が2のときは, (大, 小)=(1, 2), (2, 1) の2通り。

同様に考えていくと,

積が3のときは, 2通り。

積が4のときは, 3通り。

積が6のときは, 4通り。

積が8のときは, 4通り。

積が12のときは, 4通り。

積が24のときは, 4通り。

よって, 全部で, $1+2+2+3+4+4+4+4=24$(通り) あるから, 求める確率は, $\dfrac{24}{64}=\dfrac{3}{8}$

8 硬貨の表と裏の出方は, 全部で, $2×2×2=8$(通り)

得点の合計が4点になるには, 表が1回, 裏が2回出ればよいから, その出方は, (表, 裏, 裏), (裏, 表, 裏), (裏, 裏, 表) の3通りある。

よって, 求める確率は, $\dfrac{3}{8}$

9 2枚の取り出し方について, 次のことに注意すること。

ミス注意！ カードの取り出し方を (1, 1), (1, 2), (2, 1), (2, 2) の4通りとしないこと。同じ数字のカードでも, 区別して考える。

10 (1) 階級値は, 階級の真ん中の値である。

(2) 度数分布表では, 度数がもっとも大きい階級の階級値が最頻値である。

(3) 中央値は小さい方から50番目と51番目の値の平均値である。

26.5 cm 以下の人数は,

22

2＋6＋8＋14＋18＝48(人)

27 cm 以下の人数は，48＋17＝65(人)

よって，50 番目と 51 番目は 27 cm だ

から，中央値は 27 cm。

仮の平均値を 27 cm とすると，平均

値は，

27＋(−2.5×2−2×6−1.5×8−1×14

−0.5×18＋0×17＋0.5×16＋1×11＋

1.5×6＋2×2)÷100＝27−0.2

＝26.8(cm)

したがって，中央値の方が，

27−26.8＝0.2(cm) 大きい。

(4)求める人数を x 人とすると，

$(x＋36) : 36＝100 : 2$

$2(x＋36)＝3600$

$x＝1764$(人)